打造优秀孩子的家

蒙氏家庭空间设计

刘芸——著

江苏凤凰科学技术出版社·南京

图书在版编目（CIP）数据

打造优秀孩子的家　蒙氏家庭空间设计 / 刘芸著 .
南京 : 江苏凤凰科学技术出版社，2024.9. – ISBN
978-7-5713-4597-6

Ⅰ . TU241.049

中国国家版本馆 CIP 数据核字第 2024NE7274 号

打造优秀孩子的家　蒙氏家庭空间设计

著　　　者	刘　芸
校　　　订	周　博
项 目 策 划	凤凰空间 / 曲苗苗
责 任 编 辑	赵　研
责任设计编辑	蒋佳佳
特 约 编 辑	曲苗苗

出 版 发 行	江苏凤凰科学技术出版社
出版社地址	南京市湖南路 1 号 A 楼，邮编：210009
出版社网址	http://www.pspress.cn
总 经 销	天津凤凰空间文化传媒有限公司
总经销网址	http://www.ifengspace.cn
印　　　刷	北京博海升彩色印刷有限公司

开　　　本	710 mm×1 000 mm　1 / 16
印　　　张	10
字　　　数	160 000
版　　　次	2024 年 9 月第 1 版
印　　　次	2024 年 9 月第 1 次印刷

标 准 书 号	ISBN 978-7-5713-4597-6
定　　　价	59.80 元

图书如有印装质量问题，可随时向销售部调换（电话：022–87893668）。

前言

创设好的家庭环境有助于培养优秀的孩子

要尊重儿童的秩序感，保护他们可贵的专注力和独立能力。

创设合理的家庭环境可以在很大程度上帮助孩子学会整理收纳。通过在家里践行蒙台梭利教育法（也称为蒙氏教育法），孩子们会因此变得更加独立、自信，而且可以很好地照顾自己，并开始学习去照顾他人，家里的氛围也会变得更加和谐。

2020 年，家里迎来了第三个孩子。我把大部分的时间和精力都用在照顾这个小生命上，因此忽略了大女儿、二女儿，家里每天几乎都像灾难现场，孩子们把玩具和书随处乱扔，我每天都为孩子们学习整理的事情而血压飙升。大约在儿子乔治 7 个月大时，我开始接触蒙氏教育法，起初是希望从中学习混龄教育的方法，却非常意外地开始跟随西蒙·戴维斯（Simone Davies）老师学习蒙氏家庭环境的创设。我是蒙氏教育法的受益者，仅仅因为调整了玩具和绘本的陈列方式并收起来大部分玩具，就立竿见影地看到了家里的改变。由于摆放的玩具少了，即便一开始孩子们不会收纳，家里也不会显得特别乱。在随后四年多的时间里，我通过不断的学习和调整，让家庭环境呈现出我比较满意的状态。因此，我非常希望将此分享给更多的人并使之受益。

在这本书里，我会用亲身经历告诉你，即便不上蒙氏学校，我们在家依然可以培养出健康、自信、独立的孩子。

快乐的乔治

圆圆在自己的专属区域学习

　　四年多来，我在网络平台上遇到了很多"同频"的家长。我们共同对家庭的环境布置进行了实践。在帮助这些家庭改变居室环境的过程中，我注意到很多家居空间中孩子的玩具随处可见，甚至布满整个客厅和每个房间。这些玩具被无序地摆放在地上或收纳箱里，大多数是塑料声光玩具。其中有很多玩具是不完整的，比如玩具恐龙缺胳膊少腿，小汽车少了一个车轮，小茶杯套组已经不知道四散到了哪里，甚至还混放着孩子婴儿时期的摇铃和牙胶。更令人意外的是，有些家庭甚至没有一套属于孩子自己的桌椅，只能跟家长争抢沙发和茶几上的地盘。还有一些家庭把成人用品和孩子的玩具混放在一起，甚至玩具出现在了放置药品的地方。

　　法国教育家卢梭在《爱弥儿》一书中提出自然环境对儿童的影响，大意是：环境是影响儿童成长和学习的关键因素。儿童在自然的环境中，如果没有受到后天不良环境的影响，他们的自然天性就能够得到充分的发展，并且生命的本质也将会更加坚实。一个良好的学习、生活环境对于启发儿童的心智、激发他们的学习热情都有积极的影响。

我在和家长的聊天中发现，他们中的大多数人还不太了解儿童生理和心理的发展需求，也没有意识到环境对于儿童成长的重要性，同时大大地低估了儿童的内在潜力。

婴幼儿时期是一个人身心发展、习惯养成和智力发展的重要阶段，而家庭是孩子的第一所学校，良好的家庭环境能够给孩子提供足够的安全感，有助于培养他们的独立性，激发他们主动学习。

本书分为四个部分。第一部分简要地介绍蒙台梭利的教育理念，由此帮助我们更好地借鉴和应用第二部分的具体实践方案；第二部分就家居空间进行实践，即从玄关开始，对卧室、客厅、卫生间、厨房、进餐区、阅读区、艺术手工区以及户外活动区进行详细的阐述；第三部分对家庭环境布置汇总；第四部分则是对布置中常见的问题进行解答。

在此，我要由衷地感谢在本书中慷慨分享自己经验和家中环境照片的家庭，其中有的仅租住在 50 平方米的出租屋内，有的住在两室一厅、三室一厅的公寓楼中，还有住在独栋别墅的家庭，也有跟老人一起居住的大家庭。这些环境背景丰富的案例，让本书的内容更加丰富和实用。同时，我还要感谢家人和朋友对我工作的帮助和支持，尤其是我的三个孩子。因为有了他们，我才有机会在家里实践蒙台梭利理念，并有了成就感和幸福感。

玛利亚·蒙台梭利博士在很多地方说过："我听见了，我就忘记了；我看见了，我就记住了；我动手做了，我就理解了。"

育儿最难的部分正是实践，上手去做。本书既参考了蒙氏教育法，又有我总结的育儿经验，真心希望它能够给读者带来启发，让在育儿路上迷茫的家长行动起来，并在育儿实践中总结出一套真正适合自己的方法，这是我写本书的初衷。

刘芸

目录

家庭环境
布置汇总

常见问题
与解答

基础理论篇

关于蒙台梭利

听到"蒙台梭利"这几个字，很多人就自然地想到了蒙氏幼儿园，但实际上，蒙氏教育法不止运用在幼儿园，还有小学、中学，甚至在一些国家还有蒙氏老年人护理机构。蒙台梭利教育法是一种教学方法和教育理念。它是由意大利第一位女性医学博士玛利亚·蒙台梭利提出的。

> 蒙台梭利教育法是以儿童为中心的教学方法，强调儿童在学习过程中的自主性和自我发展。蒙台梭利认为，儿童是天生的学习者，他们具有强烈的好奇心和自我探索的欲望。因此，教育者应该创造一个有准备的环境，让儿童自主地选择自己感兴趣的活动，并以自己的方式去探索和学习。

蒙台梭利教育法不仅适用于学校，也可以在家庭中实践。

然而，要在家庭中很好地实践蒙台梭利教育法，成人需要提前学习蒙台梭利教育法的理论知识，以及了解如何在家中为孩子创造一个有准备的环境，从而鼓励他们自主地探索和学习。

蒙台梭利博士通过长时间的观察和研究提出了一套新的教学方法。在这样的教学方法下，孩子们表现出了令人惊喜的专注和自律，当时引起了各界的关注。从此，她的教育法在世界各地开花结果。谷歌的两位创始人拉里·佩奇（Larry Page）和谢尔盖·布林（Sergey Brin）曾多次在演讲和采访中表示，他们所取得的成绩受益于蒙台梭利教育法。

　　蒙台梭利博士在长期的观察中发现了儿童的天性，并且能够利用儿童的天性引导他们去主动、快乐地学习。大量的数据和全球上百万人可以证明，使用蒙台梭利的教学方法可以帮助孩子更加自信和独立；同时，也能够帮助家长在育儿路上减负。

　　蒙台梭利的教育方法有以下六个特点：

　　第一，以人为本。蒙台梭利博士相信每个孩子都具有内在潜力和独特的能力。因此，她的教学方法注重发掘和培养每个孩子的主观能动性，以满足他们自身的学习需求。

　　与传统的填鸭式教学不同，蒙特梭利教育法强调观察孩子的本能需求，并为他们提供适当的教育环境和学习资源，让他们自主选择和探索学习内容和方式。这种教学方法通过培养孩子的自主性和创造性，引导他们形成独立思考、自我管理和自我发展的能力和习惯，让他们在未来的成长和发展中具有更强的竞争力和适应能力。

　　第二，尊重自由。蒙台梭利教育法主张尊重孩子的个性和自主性，让他们自由地选择学习内容和方式，而不是强制性地向他们灌输知识。成人的任务是仔细观察孩子的行为，发现他们的需求和兴趣，耐心等待他们表现出自己的能力和潜力，并适当地引导他们的学习和发展。

　　第三，提供有准备的环境。蒙台梭利博士认为，孩子需要在一个满足他们需求的环境中自由地发展、获取知识和技能、丰富感官体验、拓展心智。这个适合儿童的环境应该是有准备的，即为孩子准备好各种教育资源和材料，包括有启发性的玩具、绘画和手工艺品材料、文具、书籍等，以满足孩子的各种兴趣和学习需求。同时应该考虑到孩子的心理发展和特点，创造出一个安全、舒适和富有挑战性的环境。

　　第四，抓住儿童的敏感期。蒙台梭利博士认为处于成长关键期的儿童的心智非常敏感，能够像海绵吸收水分一样吸收来自外界的信息，形成一种智力结构，提高儿童适应世界、认识世界和改造世界的能力。因此，蒙台梭利教育法注重成人对儿童敏感期的把握和引导，以便更好地促进儿童的心智发展。在敏感期，孩子容易形成自己的智力结构，即对于特定的学习内容和技能，他们容易在大脑中形成一种类似结构的认知模型。这种模型不仅有助于孩子掌握这些学习内容和技能，还能够促进孩子的智力发展和整体成长。所以，成人应该根据孩子的敏感期和需求，提供支持和引导，促进孩子的心智发展和整体成长。

第五，注重心灵教育。蒙特梭利教育法中的心灵教育强调的是孩子自我教育的理念。孩子在自由的环境中自主学习，充分发挥自身的天赋和潜能，通过自己的努力和学习，逐渐形成自己的人格和价值观，培养自己的责任心、注意力、独立性、自信心等。

第六，在蒙台梭利教育法中，采用了一种与传统应试教育不同的教学方法。蒙特梭利教育法注重教学方法的灵活性，让孩子自由探索，通过提供有准备的环境，让孩子从日常生活中学习，发挥他们的主动性和创造性，从而获得知识和提高能力，同时也感受到快乐，培养内在的秩序感和自律能力。这种教学方法强调的是孩子的主动性和自主性，让他们充分利用环境，自发地投入学习。在这个过程中，孩子会获得自信和自尊，同时也发展出独立思考、自我管理和自我发展的能力和习惯，这些能力和习惯是他们未来成长和发展的重要基础。

蒙台梭利教育法的关键原则

教育的首要条件就是为儿童提供环境，以保证大自然赋予他们的各项能力能够得到充分发展。

——玛利亚·蒙台梭利

大量的科学研究表明，环境对于婴幼儿的成长和发育具有非常重要的意义。这里的环境并不仅仅指床铺、书柜和宽敞明亮的房间等物质环境，还包括环境当中的人。

○ 成人需要做哪些准备？

成人的准备是从学习开始的。

父母需要学习如何创设一个合适的环境，为孩子积极的学习和成长提供空间，培养孩子的自主性、创造力和独立性。同时，合适的环境有助于发展孩子的感官能力和自我控制能力，从而增强他们的自信心和独立思考能力。

家长要学会观察自己的孩子，因为观察是了解孩子的需求、兴趣和能力的重要方式，这有助于为孩子提供一个适合他们学习和成长的环境。

○ 蒙台梭利教育法的原则和意义

● 坚持一致性

养育孩子的过程中要有清晰的准则，并通过环境中的人正确示范得以强化，当孩子试探事情的边界时，家长应当始终保持温柔而坚定的态度，使孩子逐渐适应一致的规则。

● **相互尊重**

我们的言行不应该使孩子感到羞耻。以友善和尊重的方式与孩子交流，把他们想象为成年人，这样更有可能引导他们呈现出最佳的状态。

● **认识到孩子的独特性**

每个孩子都有自己的"声音"，他们可能会以自己的方式看待或应对各种状况。不要将孩子与他人或自己进行比较，放眼现在，珍视孩子的独特之处。

● **培养秩序感**

要想帮助孩子提高逻辑思维能力和做事情条理清晰、步骤分明的能力，我们需要先建立自己的秩序感，有条理和培养好的日常生活习惯可以帮助我们实现这个目标。

● **鼓励而非表扬**

通过不断鼓励来激发孩子继续努力，并表明我们认可他们的努力和选择，而不是通过不断表扬孩子来显示我们的认可。

● **激发内在动机**

当你引导孩子做出正确的行为并始终如一地进行示范时，它往往会变成一种习惯。目的是让孩子认识到：这就是我们做事的方式。

● **在限度内给予自由**

创造条件，使孩子在明确又安全的范围内拥有多种活动选择，这有助于发展其独立性和自律性。

● **提倡终身学习**

当孩子提出问题时，不要直接给出答案，而是启发式地引导他自己找到答案。学习如何认识事物、理解概念、深入思考和提高创造力，这有助于他们在生活中平稳而持续地"航行"。

● **培养自主性**

　　我们需要帮助孩子提高认知水平和社交技能，以便孩子能够很好地融入集体生活。

● **培养优雅的举止与礼貌意识**

　　让孩子学会尊重他人，不随意伤害他人，我们应帮助他们学会掌控身体，培养优雅的举止，同时培养礼貌意识，提升社交技能。这些有助于孩子在社交场合中表现得体。

● **培养个人责任感**

　　当我们为孩子提供安全的情感支撑，将错误看作学习机会时，就能帮助孩子正视自己的行为。我们可以通过与孩子交流，鼓励他们去思考和解决问题，为他们提供积极的反馈。这样孩子就能逐渐拥有责任心，愿意为自己的行为负责，从而在成长过程中变得更加独立和自主。

乔治与姐姐在玩玩具

○ 在家中布置蒙氏环境的原则

正如很多家庭一样，我们并不一定拥有豪华宽敞的房子和专业的教育背景。然而，我们都有共同的愿望——为孩子营造适宜的学习氛围和生活环境。

蒙台梭利博士在《童年的秘密》一书中，用"Gulliver in Lilliput（格列佛在小人国）"的比喻描述了孩子在成人环境中的困扰。他们就像格列佛，被困在一个不是为他们量身定制的环境中。这个环境没有考虑到他们的身高和需求，从而使其学习和成长遇到阻碍。因此，蒙台梭利提倡在家庭中为孩子创造一个适宜的环境。

每次读《童年的秘密》，联想到孩子没有自己桌椅的场景，我都会深受触动。这勾起了我童年的回忆，那时，我也经常被成人毫无预示地抱上高高的椅子，我的基本需求都需要成人的帮助，更不用提拥有自己的小桌子和小椅子了。

我体验到了在这种"巨人国"中的生活，深感孩子缺乏自主和独立的痛苦。我坚信，为孩子提供一个能够自由探索、发展自我的环境，是他们健康成长的必要条件。这种改变并不需要昂贵的费用或专业的教育知识，只需要我们用心观察孩子，理解他们的需求，让他们在生活中体验自主和独立，这也是我坚持在家中进行蒙氏环境布置的原因。

适合孩子的桌椅

想要在家中创设蒙氏环境，需要注意以下四个原则：

● **适合孩子的尺寸**

首先，选择尺寸合适的家具是非常关键的。市场上出售的桌椅高度通常都是适合3岁以上儿童的，但我仍然希望有适合3岁以下儿童的，让其在吃饭、看书的时候，脚能够踩到地面上。因此，我建议大家选择可以调节高度的桌椅。

下表是0~6岁儿童桌椅高度参考数值。

0~6岁儿童桌椅高度尺寸表

年龄	椅子高度（座面高度）	桌子高度	玩具展示柜高度
5-12个月	15~20 cm	25~30 cm	25~36 cm
1~3岁	20~25 cm	30~45 cm	35~65 cm
3~6岁	30~35 cm	40~45 cm	≤ 100 cm

首先，椅子、桌子的高度要适配于孩子的身高，椅子高度大约为身高的25%，桌子高度大约为身高的44%。例如，身高80 cm的孩子适配的桌椅高度是35 cm和20 cm。

其次，如果条件允许，应尽量选择实木家具，因为这种材质更加牢固、更具质感。如果选择塑料家具，也要注意选择配色简单、重量适中的产品，以免出现孩子坐不稳侧翻的情况。不仅是家具，孩子的其他用具也同样需要选择适合他们的尺寸。孩子一岁多以后，会很喜欢模仿大人做事，比如扫地、洗碗、甚至洗菜、切菜。这时候我们就要考虑准备适合孩子身高的扫把、拖把、小围裙，以及小号的菜板和刀具等。

适合圆圆的小厨房

最后，如果购买教具柜的话，建议大家购买二阶（三层）的教具柜。因为孩子成长速度很快，这样可以先使用下面两层，等到孩子3岁以后再用最上面的一层，以节省开支，避免浪费。

可以长期使用的二阶教具柜

● 减少玩具数量，保持空间整洁

当你决定开始执行时，整理孩子的玩具是一个非常重要的步骤。首先，我们需要处理掉已破损或不完整的玩具，以及声光玩具。其次，对于不适合孩子当前年龄的玩具，可以暂时存放或处理掉。有些对孩子来说有一定难度的玩具，可以找一个透明的箱子装起来，放在柜子顶部或者床底下。

保留在玩具架上的玩具对孩子来说最好是难度适中或略带挑战性的玩具，数量以 6 ～ 8 件为宜，即使是两孩家庭也不需要准备过多，每人约有 6 件玩具就足够了。建议每 1 ～ 2 周更换一次玩具，这是一个参考的时长，具体要根据自己家里的情况做出相应的调整。

通过这样的整理和轮换，孩子可以保持对玩具的新鲜感和兴趣，同时也有助于孩子集中注意力，从而培养他们的自主学习能力。

冰心家的玩具架

● **创造孩子可以独自玩耍的环境**

当你开始布置环境时，首先要考虑的是如何让孩子在这个空间里能够独立做事情。如果孩子经常向你请求帮助，那么你便需要改变一下环境了。

举个例子，前段时间我发现二女儿总是让我帮她拿衣服。她的衣服被挂在了衣柜上层，即使她踩了凳子也够不到。于是，我把衣柜下面的区域整理出来，把她的衣服挂到了下层。后来，她再也没有因为要拿衣服而找我帮忙了。另外，之前她每次画画都要找我帮忙拿纸，现在我在她画画的桌子上放了一个盒子，里面放了很多画纸，她需要时可以随时拿取。

二女儿的衣柜

● **选用真实、天然的材料**

对于成年人来说，要想真正理解孩子身处的环境，有时候需要蹲下来或者趴下来观察事物，以便了解孩子的视角。

如果你想为孩子的房间布置艺术作品或者养植物，在选择艺术作品时，最好选择描绘现实存在事物的作品，而不是虚拟的卡通人物或抽象的画作。在选择绿植时，最好选择易于在室内种植的植物，例如多肉植物、吊兰、绿萝等。如果家中有小月龄宝宝，建议将植物放置在高处，使其可以看见但碰不到。

在蒙台梭利环境中，我们应该尽可能地选择客观存在的物品，它能够反映真实世界中物质的特点和属性。这样孩子可以更好地理解和感知自然界和社会。在这个过程中，孩子会发现，东西会破损、玻璃会碎裂、植物会枯萎凋零，这些经历不仅帮助孩子认识世界，也让他们懂得了事物的特点和性质，有利于他们拥有全面的思维方式和实践能力。

正如蒙台梭利博士所言，蒙氏环境应该是真实的、有秩序的、有美感的。真实的环境可以让孩子建立对事物的正确认识。同时，有秩序的环境能够让孩子更好地掌握知识和技能，提高自我管理和协调能力。有美感的环境可以激发孩子的创造力和想象力，培养他们的审美能力和情感素质。

在环境中选择天然的物品

空间实践篇

玄关，从这里开始让孩子学会独立和整理

　　玄关往往是家居空间中最拥挤的区域，常常在出门时站满了人。现在很多住宅在户型设计时并没有给玄关留出很大的空间。建议在这个出入频繁的区域为孩子布置一个可以坐下来穿鞋的空间。除此之外，还可以把出门所需的物品放在这个区域，比如钥匙、口罩、书包等。

　　如果你家的玄关区域比较狭窄，可以在鞋柜旁边放一把小椅子供孩子使用。在椅子下方放置篮子或托盘，用来放孩子的鞋子（仅放置第二天要穿的鞋子即可，其他鞋子可以放在鞋柜里）。在椅子上方准备两个挂钩（请注意不要使用尖锐的或 L 形的挂钩，以免伤到孩子），用来挂孩子的书包和外套。

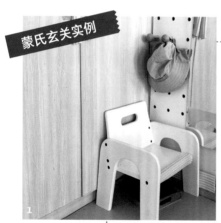

如果你家的玄关区域比较宽敞，可以给孩子营造一个温馨而实用的小空间。为了方便孩子穿脱鞋子，可以准备一把小椅子或一个低矮的长凳，让孩子舒适地坐在上面换鞋。同时，为了很好地收纳鞋子，可以准备一个鞋柜或鞋架，让家中每个人都拥有 1 ～ 2 个格子来收纳自己的鞋子，底部的格子留给孩子，这样孩子就能够轻松地找到自己的鞋子了。

为孩子准备一个玄关柜

你可能还需要准备一个篮子来放口罩、手套、围巾、帽子和太阳镜等常用的物品。还可以在低矮处安装一些挂钩，用来挂孩子的外套、雨衣和背包等，这样孩子就能够轻松地取用这些物品，同时也能够培养孩子的自理能力。

霖霖家玄关布置实例

安全提示：不要买太高的凳子，容易增加宝宝穿鞋的难度。

另外，一面高度合适的镜子对孩子来说也是不可或缺的。孩子可以在出门前检查自己是否穿戴整齐、脸有没有洗干净、头发是否梳好。这样做可以培养孩子的自我管理能力和自信心，同时也能让孩子有良好的仪态。在这个温馨而实用的玄关区域中，孩子可以轻松地穿好衣服、收拾好物品，从而拥有愉快的出门体验。

我有 3 个孩子，两个女儿已经上学，所以她们使用玄关的次数比较多。虽然儿子还没有上学，但我也在鞋柜中为他准备了格子，基于一视同仁的考虑。每个孩子拥有两格，一格放运动鞋，一格放皮鞋。柜子最上层用来放书包。在小椅子下面准备了一个放刷鞋用品的托盘，方便他们自己擦鞋，以保证出门时鞋子是干净的。

在玄关区准备一面镜子

这是我家的另一个鞋柜，你可以参考这种方式，下面放鞋，上面坐人。在这里放了一个小篮子，里面备了几双袜子，以防孩子着急出门时忘记穿袜子。

我家的入户鞋柜

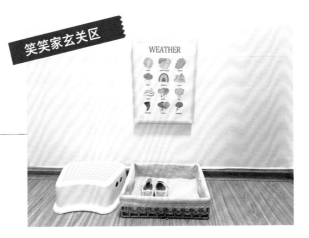

如果玄关区域实在太小，也可以参考笑笑妈妈使用的简易版本。

笑笑家玄关区

玄关区域的创设要点总结：

● **家具尺寸要符合孩子的身高要求**

　　小椅子、长凳、小沙发或低矮的鞋柜等家具尺寸要符合孩子的身高要求。挂钩贴在与孩子身高持平的位置，这样孩子就可以自己拿取衣服和背包。如果是租的房子，可以使用可移除胶带来贴挂钩，避免在墙上打孔。

● **让孩子学会独立**

　　将所有东西都放在固定的位置，可以贴上图片标签，让孩子了解自己的物品该放在哪里，方便拿取。这对于不喜欢总是被提醒该做什么的孩子来说是非常理想的状态。两岁左右的孩子的家长对此可能深有体会。

● **通过孩子的视角来陈列物品**

　　蹲下来以孩子的高度来看看这个区域是否杂乱无章，是否提供了太多的干扰选项，孩子能否拿到自己所需要的一切。

● **注意收纳和轮换**

　　将过季的衣物及时收纳。对于围巾、手套等物品，如果有多余的，也要注意轮换，最多准备两件即可。为孩子准备固定的物品（背包、鞋子、袜子等）存放区域，让他们能够自然而然地养成整理物品的好习惯。长大后，他们也会更好地管理自己的物品，从而节省时间和精力。

卧室，孩子的避风港和乐园

我们有很多时间是在卧室中度过的，儿童更是如此。卧室不仅是他们的避风港和乐园，更是他们成长中非常重要的场所之一。

为了保障孩子的成长需求，如果家庭条件允许，建议父母在孩子出生前就对未来三年的卧室进行规划。这种具有前瞻性的规划有助于孩子稳定地成长，避免因经常更换家具导致布局混乱，同时也更加经济环保。

然而，这并不意味着所有事情都要一步到位。一些家长可能会认为，既然孩子会很快长大，不如直接按照青少年的需求来设计和布置房间。但这样做可能会导致卧室内配备了成人尺寸的衣柜、书柜和书桌，使得这个本应为孩子量身打造的空间显得过于"巨大"而不合适。设想一下，儿童生活在这样的环境中，恐怕会感觉自己置身于一个"巨人之家"。

乔治在铺床

● 卧室的布置原则

☆ 安全永远是首要考虑的因素。

☆ 在给孩子布置环境时，尽量避免那种无法调整的、笨重的家具。

☆ 确保孩子能自主地获得宁静、优质的睡眠。

☆ 软装采用柔和的色彩或中性的色调，搭配基础款家具。

如果你家已经按照成人的需求设计了，能不能补救呢？当然可以。比如衣柜，如果使用的是整体衣柜，空间很大，但是上层的东西儿童根本拿不到。这种情况，我们可以把柜子的下面两层留给儿童，将较高的空间用来存放换季的衣物和床单、被罩。

共用衣橱

如果成人和儿童共用一个衣橱，可以让成人使用上层，儿童使用下层。家里的空间整洁有序对于培养儿童的秩序感和安全感是大有益处的。

总体来讲，创设卧室环境，首要考虑的因素是安全性，其次才是功能性。当然，还要根据自己家的情况来设置这个区域。有些家庭可以为儿童提供单独的房间，有些家庭却只能在父母的卧室开辟出一部分区域给儿童，但这些都不是问题。

● **卧室环境的安全性**

环境始终是服务于人的，好的环境的首要条件是安全。

这里给大家提供一个环境安全自查表，需要注意的安全问题不仅限于此，但是家长也不需要过度保护，比如一些家庭会使用婴儿围栏，把婴儿圈在里面，总担心孩子会磕碰到。其实，只要你把环境创设好，儿童也会逐渐去适应环境。

环境安全自查表

家庭环境安全性自查项目	√ / ×
窗户安装了防护栏，或者增加了防护措施	
电源处已经加上了保护罩	
家具的边角和把手增加了保护措施	
儿童的卧室无大面积的玻璃或镜子	
新房装修，通风时间足够长	
药品、化学物品存放在儿童无法触及的地方	
门上安装了避免夹伤儿童手的保护装置	
易碎物品放到了儿童无法触及的地方	
不希望儿童去的地方用围栏挡住了或锁起来了	
贵重物品放到了儿童无法触及的地方	
如果家里有浴缸，塞子放在了儿童拿不到的地方	
地面定时清洁，没有食物残渣和潜在危险品	

每个家庭的情况不同，因此，在规划儿童环境的时候，不要着急去买家具，而是应先检查安全问题，排除安全隐患。

✋ 0~1岁

对于新生儿来说，刚出生的几个月主要是适应环境。他们不再身处子宫内被羊水包围着，而是置身于一个全新的、充满未知的环境中。

家长和照顾者需要提供一个温度和湿度适宜的环境，同时选择适合的衣物，帮助新生儿顺利地适应外部环境。

刚出生的乔治

0~5 月龄

除了新生儿生理上的适应，外部的安全因素也需要考虑。婴儿床必须按照安全标准进行设计和制造，避免任何可能对新生儿造成伤害的因素。此外，家长还应该避免使用过软的垫子、枕头和被子等物品，避免发生窒息危险；注意婴儿床的栏杆间距和床垫的稳固性，防止侧翻等安全问题发生。

婴儿睡篮

在国外很多宝宝一出生就睡在婴儿睡篮里，再放到床上。我们也可以用这样的小婴儿床，远离地面，避免潮气和灰尘侵害孩子健康。

在中国，婴儿床有相应的制造标准。目前，婴儿床的生产和销售需要符合《儿童家具通用技术条件》（GB 28007—2011）的要求。

具体来说，婴儿床的围栏高度应大于 500 mm，栏杆间距应小于 60 mm，边角应处理圆滑以避免划伤婴儿。此外，婴儿床应采用环保材料，表面光洁度应符合国家标准要求，以保证婴儿的安全和健康。

新生儿的视程有限，大约只有 30 cm，所以这一时期不需要考虑天花板和墙面的环境布置，但是最好能够保证环境是安静的。同样要考虑到地面噪声的问题，通常情况下，铺上地毯或地垫都可以起到吸声的效果，地毯上最好再铺一张地垫。但是，不管地面多么柔软都不建议把新生儿直接放在地面上，一方面是因为地面上有潮气，另一方面是因为新生儿容易吸入灰尘。与此同时，空气质量也须考虑，空气净化器有助于空气的净化和循环；如果家里使用空调，建议在新生儿回家前，把滤网清洗干净。不管是自然光还是灯光，都把亮度调整到微光的状态，以使新生儿的眼睛适应从子宫的黑暗环境到有强光的外部环境的变化过程。

○ 环境中的人

在蒙台梭利博士的著作《生命重要的前三年》一书中有这样一段话：当孩子 0 ~ 2 个月时，母亲是新生儿的主要环境，在共生期彼此依存，父亲则是共生期这段时间里母亲与新生儿关系的保护者，并且可以在适应中进一步地融入新生儿的生活中，用触觉、嗅觉、听觉和视觉的多元方式，丰富新生儿的经验。

在给新生儿哺乳、洗澡、换尿布、穿衣服的过程中，成人用沉稳的语气与新生儿交流，目光的对视、适度的抚触都可以协助他们完成情绪和认知上的发展。

○ 物理环境

0 ~ 5 月龄物理环境图

● 睡眠区

    通常我们认为传统的围栏婴儿床是首选，因此，对刚接触蒙台梭利教育法的家庭来说，好像不太能接受 12 个月以下的婴儿睡在地板床上。但是，传统的蒙氏理念认为成人可以从婴儿一出生时就尊重他们的独立性，包括睡眠方面。我们必须认识到，婴儿并不是完全没有想法的。相反地，他们拥有自己独特的视角，应该被赋予与成人一样基本的自由，只是需要成人尽力确保他们的安全。

笑笑家的地板床

设置地板床非常简单，只需要一个床垫和一套床笠。

冰心家的婴儿床

当然，如果暂时接受不了地板床，可以单独购买一个简单的地板床架，把床垫抬高几厘米。为了确保床垫的安全和卫生，要注意定期通风和更换床笠。

为确保婴儿床的安全，以下是一些建议和具体规定：

使用床笠代替床单

美国儿科学会（American Academy of Pediatrics，以下简称 AAP）建议使用紧贴床垫的床笠，以减少因床单松动而导致的窒息风险。床笠能够紧密地固定在床垫上，避免婴儿被意外捆住或卷入床单。

使用睡袋代替被子

AAP 推荐使用睡袋（又称婴儿睡衣）代替被子，因为睡袋可以降低婴儿在睡觉时因覆盖物引起窒息和过热的风险。睡袋使婴儿的头部外露，降低了因惊跳反射导致的意外事件的风险。

避免在婴儿床上放置不必要的物品

AAP 还建议，为了防止婴儿意外窒息、被捆绑，婴儿床上不应放置任何不必要的物品，比如枕头、床围、毛绒玩具等。这些物品可能对婴儿构成潜在的危险，尤其是在婴儿的翻身期和探索期。

● 喂养区

　　☆ 准备一张舒适的哺乳沙发或一把哺乳椅。

　　☆ 准备低矮的柜子和可调节亮度的小夜灯。

　　☆ 沙发一般靠窗户摆放。

喂养区

冰心家宝宝1月龄时的布置

　　冰心家宝宝睡在婴儿睡篮里，大人住在另一个房间。在宝宝的卧室里放置了一张哺乳沙发，方便妈妈到这里喂奶，固定吃奶的地点，夜间只打开旁边的小夜灯，这样宝宝喝完奶也容易入睡。

● 个人护理区

　　☆ 尿布台（或可以用作抚触和更衣的台子）。

　　☆ 置物架（放置尿布和相关的用品，置于尿布台旁边。也有一些尿布台下方自带了置物层）。

　　☆ 带有盖子的垃圾桶。

　　☆ 带有盖子的脏衣篓。

　　☆ 低矮的五斗柜或衣柜，用于放置新生儿的干净衣物。

　　如果不准备尿布台，也可以在五斗柜上面摆放一个换尿布的垫子。

乔治趴在尿布台上边晒太阳边做抚触

　　准备尿布台还是非常有必要的，把宝宝放在上面换尿布，避免因长时间弯腰而造成腰部受伤。

　　当然了，尿布台不仅可以用来换尿布，还可以在婴儿洗澡后对其进行抚触和腹部趴伏练习。抚触有助于婴儿与父母建立亲密关系，促进婴儿感官发育，而腹部趴伏练习则有助于婴儿肌肉发育和运动能力的培养。

Tips

安全小贴士

　　在使用尿布台时，新手父母需要特别注意婴儿的安全问题。确保婴儿在尿布台上始终有人看护，避免婴儿翻身摔下尿布台。

冰心家的尿布台

我家的尿布台

尿布台的下方摆放日常需要用到的尿布、抚触油、保湿霜等。宝宝的衣物放在旁边的衣橱里。

　　有的家庭也会选择把尿布台放在卫生间里或是卫生间附近，方便让宝宝从一开始就把上厕所和卫生间联系起来，同时也方便大人的换洗工作。

　　有的家庭空间足够大，会在护理台旁边放置一个洗澡盆，方便大人在给宝宝洗完澡后直接在尿布台上进行抚触和穿衣服。可以在尿布台上放一面镜子，宝宝在换尿布或者做抚触的时候，可以观察自己的表情和动作。

小白家的接拼床

小白家在主卧的大床旁边摆放了一张拼接床，一方面宝宝有了自己的睡眠区域，另一方面也方便家长在晚上照顾孩子。

如果你家也有这种婴儿床，先别急着扔掉。可以尝试取下一面围栏，把婴儿床靠在大床旁边，或者直接取出床垫，打造成地板床。

乔治的床中床

乔治的婴儿床

这是我家"退役"下来的床中床，把扣子扣起来以后就会形成一张小床。婴儿躺在里面会有自己的空间，也避免成人因为睡得太熟压到孩子而发生危险。

  如果卧室空间实在有限，不建议让婴儿直接躺在成人的床上，也不建议让婴儿睡在成人之间。可以考虑购买一张"床中床"，给婴儿留出活动的空间，并且不和成人共用一床被子。

  在活动区准备一个地垫。地垫为婴儿提供了一个相对宽敞和安全的开放空间。地垫应该避免选择太过于柔软或太过于平滑的材质，以免阻碍婴儿自主翻身。地垫上还需要放置一张婴儿毯子，定期更换，给婴儿提供不同的触觉感受。地垫附近准备一个低矮的教具柜，用来摆放适合这个阶段的一些教具。

低矮的教具柜

活动区域要和睡眠区域保持一定的距离，以此来明确两个区域各自的功能。不要让婴儿形成在活动区可以睡觉、在睡眠区可以玩玩具的印象。婴儿越早明确这些差别，越有助于他们尽早内化这些差异。

5~12 月龄

○ 环境中的人

这个阶段的婴儿依然需要长时间的休息，但是在睡醒后的几个小时里，家长可以跟婴儿互动，婴儿对人类的面孔有天生的好奇心，而脸部表情变化丰富。成人说话时，唇齿间的碰撞对婴儿而言是非常有趣的。当成人面对着婴儿说话时，婴儿的听觉、语言、视觉与情绪中枢都会启动。为了提供更有效的互动，成人一定要直视婴儿，确定目光有接触了再说话，这有助于婴儿把听到的声音和声音的来源联系起来。

○ 物理环境

5 ～ 12 月龄物理环境

改造的小衣架

之前用的吊饰可以挂在墙上作为装饰，健身架可以当作小衣架。

在活动区的低矮墙面上粘贴一些简单的图片或家人的相片来引起宝宝的兴趣。这些图片可以定期更换，为宝宝提供持续的视觉刺激。

卧室布置

在空间允许的情况下，卧室的布置可以在原有的基础之上增加以下内容：简单的地板床（床上不放多余的物品）；让环境富有生机的照片；摆放孩子睡觉时看不到的教具柜，避免宝宝躺在床上时看到玩具而影响休息。

根据 AAP 的建议，5 ~ 12 月龄的婴儿每天至少有 30 分钟的户外活动时间，可以分成两到三次进行。在户外活动时，可以让宝宝在阴凉的地方爬行、躺卧、坐着，成人也可以抱着宝宝在花园、公园或者户外场所散步，为其提供充足的阳光和新鲜的空气。

对于 1 ~ 3 岁的幼儿，建议每天至少有 2 小时的户外时间。在户外活动中，可以让幼儿在安全的环境下自由活动、探索，比如奔跑、跳跃、玩耍等。还可以带着幼儿进行户外游戏、野餐等有趣的活动，这有助于促进幼儿的身体发育和提高其认知能力。

如果你决定让孩子单独睡在一个房间，在条件允许的情况下，卧室的布置可以在原有的基础之上增加以下内容：

● **睡眠区**

☆ 音乐播放设备，用于播放轻柔的音乐。

☆ 长条形抱枕，防止婴儿从床上滚落。

● **活动区域**

☆ 更换适合的玩具或书籍。

☆ 在镜子前面增加把杆，用于婴儿练习扶站和蹲起。

☆ 增加用于辅助婴儿坐立的抱枕。

☆ 准备较重的矮凳或矮沙发。

☆ 在之前玩具的基础之上增加更多的探索性玩具。

我们常常会准备一个棉布小篮子，在里面放一些宝宝熟悉的日常小物件，比如小牙刷、小梳子、小勺子等；也可以放一些各种材质的小球或其他无尖角、无小零件的安全物件，允许宝宝自由探索。

与此同时，这些可以滚动的小玩具会因为受到宝宝的触碰而跑得更远，促使他们努力挪动身体去触碰。

随着时间的推移，宝宝的视程更远了，看到的事物更多了。

此外，这一阶段的宝宝需要更加安全和稳定的环境，因为他们开始学习坐起来、爬行和站立。宝宝在这个阶段会变得更加活跃和好动，他们需要足够的时间和空间来探索和学习，因此成人需要确保环境的安全。

合适的教具

这个阶段的宝宝需要更加丰富的环境，以支持他们的感官和认知发展。这意味着需要提供更多的玩具、器具，让宝宝可以探索和学习物品不同的形状、颜色、材质和功能等。

成人需要创设环境，观察、发现和回应宝宝的需求。还要注意察觉宝宝身体协调性的变化，适时地鼓励他们不断地挑战自己。

我们可以利用日常生活中的机会来与宝宝交流，例如一起玩耍、给他洗澡、换尿布等。这有助于让宝宝逐渐理解日常活动和习惯（当你发现宝宝正在专注地探索时，不要打断他）。

使用手势和表情可以帮助宝宝理解成人的意图和情感，同时也有助于锻炼宝宝的手眼协调能力和社交能力。

 1~3岁

○ 环境中的人

可预测的生活日程对于儿童的成长和发展非常重要。这可以帮助儿童建立安全感和信任感，因为他们知道接下来要发生什么，以及他们可以期待什么。成人在这个过程中扮演了关键的角色，他们需要提前告知儿童接下来要发生的事情，并在必要时进行介绍和说明。成人还需要留心观察儿童的反应，并及时回应儿童的需求。这可以帮助儿童更好地适应变化，并学会自主地处理问题。

家长可以通过创建一个鼓励孩子独立的生活环境，帮助儿童发展自主、自立的能力。这意味着让儿童有机会获得足够的真实体验，让他们在适当的情况下做出自己的决策，并承担相应的责任。成人则是儿童自我照顾活动的预备者，同时在必要时提供帮助。

○ 物理环境

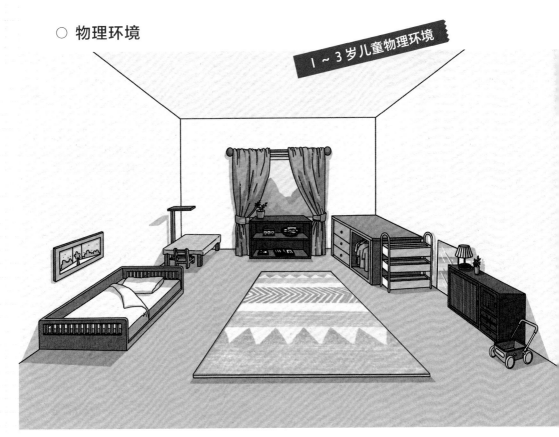

1~3岁儿童物理环境

这时的物理环境需要随着儿童的需求变化做出适当的调整。哺乳沙发可以移出房间，或者继续留下作为亲子阅读的区域。

● 在原来的基础上可以增加的物品

☆ 不易碎的镜子、梳子、抽纸。

☆ 适合孩子高度、可供孩子自己选择和收拾的衣橱或衣架。

☆ 儿童坐便器。

圆圆家专门预留了儿童卧室，妈妈为她定制了一张尺寸足够大的床，满足她自由上下的需求。这样圆圆睡醒后可以独立下床，不需要再请求成人帮助。

建议刚开始尝试让宝宝自己挑选衣物的家庭不要在衣架上挂过多衣服，一方面是因为衣服过多，宝宝会花很长时间去做选择，另一方面衣架上满满当当的衣服对宝宝来说拿取不方便。

不要把不合时宜的衣服挂出来，避免宝宝在冬天看到夏季衣服非要穿的尴尬情况发生；还有一些非常讲究场合的衣服，如果不想宝宝穿就不要挂在衣架上。

衣服放在小床的对面，可使孩子对于自己的身体和空间有很强的掌控感，帮助其在生活上更独立、在心理上更自信。因为环境中的这些设置都在无声地告诉他：你能行！

可以自由上下的床

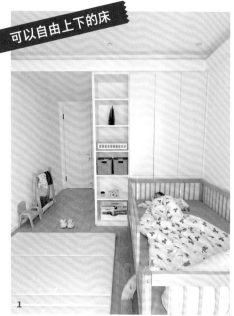

1

2

即便我家孩子在 2 岁时，我们也没有因为选择衣服发生不愉快，其实秘密就在于我已经提前准备好了两套适合的衣服，让他做选择，这不仅可以让他感受到自己有掌控权，而且一切又在我的掌控之中。当他的需求得到了合理的满足后，下次你跟他提要求的时候他也容易配合。

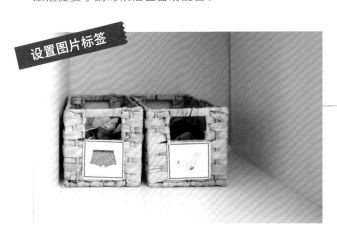

图片标签可以帮助孩子更好地理解和认知事物。通过物品与图片标签配对，孩子可以学习到每件物品的名称和用途。

✋ 3 ~ 6 岁

即便是和家长或兄弟姐妹共用一个房间，有些儿童 3 岁以后依然会表现出对私人空间的需求，他们会自我定义一些专属区域。这个专属区域可能是一个小桌子，摆放着他们最喜爱的玩具和绘本，或是一个特别的储物箱，里面装满了他们的宝贝。

建立专属区域

这个区域对他们来说，不仅仅是物理空间的划分，更是他们自我独立和自主的象征。

在这个阶段，孩子的独立性逐渐增强，他们开始认识到自我与他人的区别，也开始尊重和保护自己的个体性。因此，父母需要学会尊重这一发展特点，积极为孩子创造和保障他们的私人空间。具体做法是通过重新布置房间，明确设定每个人的专属区域；教会兄弟姐妹互相尊重（包括私人空间与物品），家长也要遵守这个约定来建立起秩序感和边界感。

同时，这个年龄段的孩子对于自我表达和自我认同有着强烈的需求。因此，专属区域不仅满足孩子对私人空间的需求，也是一个重要的自我表达和自我探索的场所。在这里，他们可以自由地绘画、搭建积木、摆设自己喜爱的物品，通过这些活动和摆设，孩子能够深入地了解自己的兴趣和情感，培养自信和自尊。

此外，这个专属区域还会成为孩子独立解决问题和自主学习的重要环境。当孩子在自己的小世界里遇到问题时，比如不知如何拼拼图，或是对某个故事情节产生了困惑，他们可能更愿意尝试独立地解决这些问题，而不是立即寻求成人的帮助。这种独立思考和解决问题的能力是蒙台梭利教育法极力提倡的，它有助于孩子形成积极主动的学习态度和强烈的自我价值感。

○ 环境中的人

如果你打算和孩子分房睡，可以考虑为他准备一个温馨、舒适、安全、有序的个人空间。这是培养独立型儿童创造性思维和解决问题能力的好时机。家长可以跟孩子一起商量房间的布置，例如打算用什么床单、家具怎么摆设、墙上挂什么装饰画等。但是，家长最好在心里提前准备两个选项，这会大大提高你的效率。比如：你准备将一幅画挂在孩子的房间，那么至少在心里想好两个可以挂的地方，然后让孩子来决定挂在哪里。

如果你和孩子还没有准备好分开睡，也没有关系，孩子可以继续和你或者兄弟姐妹一起睡。但是随着他们需求的升级，属于他的环境也需要做一些调整了。

乔治的衣柜

乔治2岁左右时，我给他准备了一个儿童衣柜。把贴身衣物、裤子、上衣和外套分格摆放，他会按照需要去拿取。

○ 物理环境

3~6岁儿童蒙氏环境布置

● 睡眠区

在这个阶段，有的孩子可能会提出不想再睡地板床了，这时可以考虑在之前的床垫下面增加一个床架，或者直接更换一个半围栏的单人床。如果孩子并没有提出这样的要求，可以继续使用地板床。

● 个人护理区

护理区基本上与之前一样，准备一面镜子、一把梳子，以及一盒抽纸即可。卧室中的玩具数量不必因为年龄的增长而增加，他们仍然需要足够的睡眠时间来促进大脑发育。据我的观察，很多孩子到了这个阶段会有一些自己珍视的东西不想与人分享，为了避免尴尬，你可以告诉孩子，找个地方把它们藏起来。

玩具柜最好不要放在床的旁边，避免影响睡眠质量。如果你在卧室为孩子准备了书桌，建议书桌靠墙摆放，孩子坐下以后背对着玩具柜，避免分散其注意力。

床头可以摆放一个小书架，定期更换睡前阅读的书籍。数量不要多，最好是由孩子自己来选择看什么。如果家长有某本书特别想和孩子分享，可以将其放在小书架上，让孩子决定要不要读。

绿植和艺术作品会让整个环境变得有生机和活力，但是注意陈列的高度要以适合儿童视线的高度为准。

充足的光线和流通的空气仍然是成人需要考虑的问题。如果灯的亮度不能满足阅读和书写的需要，可以选择市面上一些可调节亮度的护眼灯。

如果孩子暂时碰不到开关，可以准备一个矮凳、一盏台灯或落地灯。

客厅，为孩子打造
一个无限探索和学习的活动区

○ 在客厅设置活动区域

在家里为孩子准备一个专属的活动区域，不仅能解决客厅的混乱问题，还可以让孩子在活动中意识到责任和秩序的重要性。孩子能够在活动区域全神贯注地玩耍，而不是随意摆弄玩具。

● 根据空间进行设计

可以考虑在宽敞的客厅设计一个完整的儿童游戏区，甚至可以设置攀岩墙、涂鸦墙等。

空间有限的客厅可以巧妙地利用电视柜或角落空间放置玩具架，也可以设置小型艺术角或安静角。设计活动区域时，还应考虑到居室的整体风格，要保持整体的协调和统一。

● 设计的原则

☆ 安全第一：选择无毒、无尖锐边角的材料和玩具，确保孩子在玩耍中的安全。

☆ 灵活易变：设计的活动区域要适应孩子的成长和兴趣的变化，以便长期使用。

☆ 有目的性：通过带有启发性的玩具和活动，培养孩子的兴趣和学习能力。

☆ 亲子共享：设置家长和孩子共同活动的空间，增进亲子关系。

☆ 美观实用：与整体家居风格相匹配，既要美观，又要方便整理和清洁。

教具柜以八格为例，平放的时候可以作为孩子的玩具柜。孩子在 6 月龄以前只使用下层空间，上面的 4 个格子放上配套的抽屉，抽屉里面放一些不常用的玩具和书籍，让环境看起来整齐有序。

我家的教具柜

这里也提醒一下，不要选择带有卡通图案或者颜色鲜艳的抽屉，建议统一抽屉颜色。尽量选择浅色且简单的外观，这会给人整洁的感觉，也会使教具柜里的教具凸显出来，吸引孩子来玩。

选择浅色的教具柜

孩子可以扶站以后，把上面一层的抽屉拿出来，会形成一个 2 ~ 3 层的玩具展示架。等孩子上小学以后，把这个柜子立起来放在书桌旁边，又是一个高度适宜的书柜。这么看来，一个柜子至少可以用十来年，可以说性价比很高了。

延轩家的教具柜

接下来分享一些可以放在客厅或者其他房间的儿童活动空间的物品：

蒙生家的教具柜

这是蒙氏家庭教室用品的创始人李霞给3月龄的宝宝设计的教具柜。

○ 活动区域布置要点

● 准备一个玩具展示柜

为了让孩子在家里拥有更好的娱乐和学习环境，可以添加一个两层或三层的架子来存放玩具和书籍。架子不需要是专业的蒙氏教具柜，可以是木格书架、长凳、电视柜、木质鞋柜等。摆放在架子上的玩具数量可以根据家里柜子的储存情况而定，比如4个、6个、8个或者10个，随着孩子年龄的增长，数量也可以增加。

圆圆家的玩具展示柜

建议把带有小配件的玩具，比如拼图、手抓板、立柱、拼插玩具等，放在篮子或托盘里，帮助孩子养成爱整理的好习惯，并增强其秩序感。多余的玩具可以存放在储物间或床底下。为了保持孩子的兴趣和好奇心，建议每周或每两周更换一次架子上的玩具，这取决于孩子在该区域玩耍的频率。

玩具展示柜

安全提示：较重的玩具不要放在高处，容易砸伤宝宝。

最后，不建议使用玩具箱（孩子会把所有玩具倒在地上），它会让孩子感到困惑。他们需要把箱子里的东西全部倒出来，才能找到自己想要的东西。相反地，使用架子和篮子可以让孩子轻松地找到他们想要的东西，同时也可以帮助他们更好地学习收纳。

笑笑家的玩具展示柜

关于玩具陈列的几点建议

☆ 在架子上只陈列完好的玩具。

☆ 建议玩具最好处于一个未完成的状态，特别是拼插玩具。如果我们已经搭好了，那么孩子还怎样探索？未完成的玩具则代表着"欢迎"孩子来玩，除非你设计的活动是将玩具"拔出来"。

☆ 架子最好选择原木色或者白色，五颜六色的玩具放在上面后也不会显得很乱，同时也会给孩子一种友好的感觉。

☆ 架子应该只摆放孩子的玩具，不要把遥控器、纸巾盒等物品堆在上面，孩子会分不清这个地方是放玩具还是放杂物的地方。

☆ 孩子1岁以后，可以准备一个除尘工具，邀请他来给自己的架子除尘。这样可以培养"我的环境我维护"的好习惯。

☆ 关于玩具的摆放，我们可以按照蒙氏活动的类型进行分类，例如手眼协调玩具、语言类玩具、拼图类玩具（包括手抓板、镶嵌板、普通拼图）、数学类玩具、科学文化类玩具等。当然，这不是绝对的。

☆ 最重要的一点就是重量大的玩具例如大型木质玩具等，一定要放在玩具架的底层，尤其是有低龄宝宝的家庭要格外注意。这样可以避免孩子在摇晃架子时玩具掉落而砸伤孩子。即便孩子没有摇晃，也可能因为没有拿稳而弄伤自己，所以家长要预防安全风险，避免发生不愉快的事。

● 提供一套高度适合的桌椅

有的妈妈提出了一个问题：学习用的桌椅是否可以用来吃饭？我认为可以，因为孩子成长得很快，6岁之后就不再需要矮桌椅了，可以直接坐在餐桌上吃饭（我家孩子1岁之后就希望与我们共同进餐，所以我准备了成长椅），这样也不会浪费资源。但是，如果孩子经常在桌子上玩橡皮泥、画水彩画，建议在桌面上垫一层纯色垫子，吃饭时将其拿掉即可。

为孩子提供一套高度适合的桌椅是非常重要的，特别是在孩子1岁以后。这样的桌椅可以让孩子坐下来或者站在旁边活动时处于一种舒服的状态。

合适的桌椅

● 打造一个舒适的阅读区域

舒适的阅读区

阅读区域一定要设置在自然光线好的地方，保护好孩子的视力要从这样的小事做起。如果家里空间有限，也可以考虑在墙上装小型书架，节约空间的同时还可以将书的封面展示给孩子。

看书不一定要在桌椅上进行，可以准备一个大垫子靠在墙边，或者趴在地上，不要给孩子过多的限制，看书是一件轻松且令人愉快的事情。

最后，可以用艺术品（比如世界名画）、植物（最好是容易养活的绿植，比如绿萝、琴叶榕等）和宠物（比如金鱼）让孩子的世界充满生气。这些东西一定要放在孩子看得见的高度。在孩子1岁半以后，可以邀请他们参与照顾植物和动物，这对他们来说会是一件非常有意义的事情，有助于培养其爱心和责任感。

在有植物的环境中学习

0~1岁

0~5 月龄

对于0~5月龄的婴儿，他们的发育和探索主要集中在感官体验、对世界的初步了解以及对基本动作的练习上。在这个阶段，婴儿主要是学习如何控制自己的身体和观察周围的环境。

可移动的蒙氏镜子

这是沐沐妈妈给刚出生不久的弟弟布置的环境，因为不想把镜子固定在墙上，所以她准备了一面可移动的镜子。

● 活动区

☆ 爬行垫或舒服的地毯（最好不要选择长毛的地毯）。

☆ 宝宝健身架（吊饰架）。

☆ 黑白卡片。

☆ 蒙氏镜子（这个存在争议，按照个人喜好决定是否置办）。

蒙氏镜子

我特别喜欢冰心家这个窗口的位置，孩子不仅可以看到窗外的风景、观察四季的变化，还可以看到过路的行人。刮风下雨、微风吹拂花草，这些都是大自然对孩子的感官教育。

活动区域设置了健身架，可以看到当前使用的吊饰是棉布球，之前使用的吊饰也作为装饰挂在了房间里。冰心准备了一面小镜子，这样宝宝翻身处于俯卧位时可以通过镜子观察自己。

冰心家宝宝 5 个月时的活动区

探索篮子也是这个阶段非常必要的教具之一，可以在篮子里装上不同材质的球或能够缓慢滚动的玩具，一方面吸引宝宝的注意力，延长其俯趴的时间，另一方面在球滚远时，宝宝可能会尝试匍匐去够球，以此来锻炼他的核心、手臂、背部、颈部等部位的力量。

不建议使用电动摇椅和围栏。

● **整体环境**

☆ 适合的绿植（绿萝等）。

☆ 艺术作品（尽可能选择真实、有美感的画作，避免选择抽象和给人恐怖感觉的画作）。

☆ 孩子2月龄后可以添置一张净色的活动地垫（建议尺寸：120 cm×150 cm）。

● **吊饰选择（新生儿、婴儿能睁眼以后）**

☆ 1月龄的婴儿只能看到对比非常鲜明的图案和黑色、白色。

☆ 右图这款黑白吊饰是由意大利艺术家布鲁诺·莫那(Bruno Munari)专门为婴儿设计的。

☆ 悬挂在婴儿胸口上方，与婴儿面部的连线长30 cm，此线与水平线的夹角为45°，注意不能让婴儿伸手够到。

☆ 无须人工干预，吊饰会在风的吹拂下缓慢移动。

黑白吊饰

● **吊顶选择（2月龄）**

☆ 八面体（由八个等边三角形组成的几何体）的晃动和旋转，可以促进婴儿双眼的视觉追踪性发育（两只眼睛一起工作），使婴儿的目光在物体之间切换，这种视觉上的协调作用十分有效。

☆ 这个阶段婴儿能够区分对比强烈的颜色。右图这种吊饰展示了明亮的基础色和立体几何图形。

☆ 婴儿先看到的颜色是黄色，后看到的是蓝色。

☆ 悬挂在婴儿胸口上方，与婴儿面部的连线长30 cm，此线与水平线的夹角为45°，注意不能让婴儿伸手够到。

三色八面体吊饰

● 吊饰选择（3月龄左右）

☆ 宝宝一直在逐步提高辨别颜色的能力，大约在3月龄时，他们就能看到完整的彩色渐变挂件。辨别颜色是塑造视觉能力的第一步，因为视觉对孩子其他领域的发展有重要的影响。提供适当的视觉刺激，可以增加宝宝的好奇心，增强其注意力、记忆力和神经系统的发展。

☆ 下图这种渐变色吊饰展示了颜色由浅至深的逐渐变化。

☆ 悬挂在婴儿胸口上方，与婴儿面部的连线长30 cm，此线与水平线的夹角为45°，注意不能让婴儿伸手够到。

这是多乐妈妈给3月龄的多乐自制的蝴蝶吊饰，小蝴蝶在空中缓缓飞舞，栩栩如生。

渐变色吊饰

吊饰的选择要真实，可以是天上飞的燕子，也可以是蝴蝶、蜻蜓，或飞机、气球，但不应该是飞起来的大熊猫、小狗等。不适宜选用虚构的角色，比如奥特曼、蜘蛛侠等。

燕子吊饰

蒙氏吊饰和市面上的床铃不同，它不需要电池，而是巧妙地利用重力，在空中随风轻柔缓慢地运动，没有固定路线。

安全小贴士

　　3 个月以后，为婴儿选择吊饰时，安全始终是首要考虑因素。最好选择那些专为婴儿设计的、经过安全测试的产品，并定期检查吊饰的状况，确保没有损坏。建议为了确保婴儿的安全和健康发展，选择合适的吊饰。以下是一些不适合出现在婴儿吊饰中的特点和类型：

☆ **小部件或可拆卸部件**
　　· 婴儿能够下拉或放入口中的小部件，都可能会导致婴儿窒息。
　　· 带有尖锐边缘的物品可能会伤害到婴儿。
　　· 易碎材料，比如玻璃或某些脆弱的塑料，如果打碎会导致婴儿受伤。

☆ **长绳或带子**
　　这些都可能引发婴儿窒息或有勒伤的风险。

☆ **含有有毒或有害化学物质的材料**
　　例如某些染料、塑料或胶水，确保使用的材料对儿童友好且无毒。

☆ **过于闪烁或刺眼的材料**
　　强烈的闪光或刺眼的颜色可能会对婴儿的视觉发育产生不利的影响。

☆ **声音过响或刺耳的吊饰**
　　过大的声音可能会使婴儿受到惊吓或对婴儿的听觉造成伤害。

☆ **带有电子设备或电池的吊饰**
　　除非是专为婴儿设计且获得安全认证的电子吊饰，否则尽量避免使用。

☆ **过重的吊饰**
　　如果它们从婴儿床或游戏区落下来，可能会伤害到婴儿。

☆ **可能导致过敏的材料**
　　例如某些金属种类、羽毛或某些材质的布料。

● 户外活动

上午 10 点以前，找一个合适的时间抱着孩子到树荫下走一走、坐一坐。

不要因为孩子小而忽略了户外活动。清晨的阳光从树叶的缝隙间照射下来，微风拂动树叶，这些是天然的感官教具。在大自然中，孩子的视觉、听觉、嗅觉都能有很好的体验。等孩子再大一些，可以带孩子到户外去捡树叶、捡干果，到农场品尝新鲜的水果，那时孩子的触觉和味觉也有了很好的体验。

冰心家宝宝在户外

5~12 月龄

5 ~ 12 月龄的婴儿在身体发育和认知能力上都会有显著的提高。这一阶段的婴儿会坐、会爬行、会尝试站立，甚至迈出了他们人生的第一步，开始行走。此外，他们的手部协调性和对因果关系的理解能力也在迅速发展。因此，活动区应适应这些变化以满足他们的发展需求。

宝宝进入爬行阶段后，最明显的特征就是对活动范围的需求增加了。这时宝宝的活动区域可能会从卧室拓展到了客厅、餐厅，甚至厨房。家长一定要对家里的安全隐患进行定期的排查。

在不能出门的情况下，可以多带宝宝到窗户边观察天气和季节的变化。

墙上的镜子可以从横向转为纵向，这样宝宝不论是坐着还是站着，都可以看到自己的动作。

珍妮家的室内布置

蒙氏家校 sproutMontessori.com

● 活动区域

 ☆ 更换适合的玩具或书籍。

 ☆ 在蒙氏镜子前面增加把杆，便于婴儿练习站立和行走。

 ☆ 准备学步推车或较重的矮凳、矮沙发。

● 增加进餐区域

 如果有固定的儿童房间，还可以增加一套桌椅，让孩子在固定的地点进餐，帮助孩子养成良好的就餐习惯。

1～3岁

1～3岁的孩子会经历巨大的变化，包括语言、运动技能、社交能力、自我意知和认知发展，他们对于探索世界的好奇心增强。因此，为孩子提供一个刺激健康发展和鼓励独立探索的环境是非常重要的。

进入学步阶段的儿童是精力无限的探险家。成人可以和儿童一起制作一日流程卡。

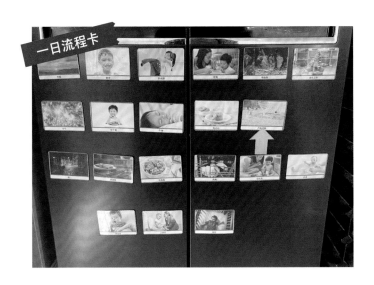

在儿童成长的前三年里，成人的角色尤为关键。他们不仅是儿童日常活动的预备者，而且是在必要时为其提供帮助的人。更为重要的是，成人需要细心观察儿童的反应，并为之提供及时的回应。经常被关心的儿童会有安全感，更容易形成独立自主的性格。

对于儿童而言，感受到自己是家庭的一分子是非常重要的。作为奥地利精神病学家和个体心理学创始人阿尔弗雷德·阿德勒（Alfred Adler）的拥护者，美国精神科医生和教育学家鲁道夫·德雷克斯（Rudolf Dreikurs）指出，归属感是人类最基本的需求之一，它可以通过为家庭或社会做出贡献来获得。简单的家务劳动，比如摆放餐具、清理餐桌和帮助洗衣，都可以帮助儿童构建起他们在家庭中的角色，并认为自己对于这个家来说是一个有价值的贡献者。

乔治在看书

乔治在桌子上做手工

原先的就餐桌椅可以变成"工作"桌椅了，用来在上面玩玩具或看书，为日后上学时能够拥有良好的坐姿和持久地坐着做准备。

廷轩1岁半在用教具学习

圆圆家的"工作"桌

3～6岁

3～6岁的孩子在身体发育、认知水平和社交能力上都取得了巨大的进步。这一阶段的孩子通常已经具有较强的独立性、精细的手部协调能力和复杂的思维能力。他们对世界有着旺盛的好奇心，渴望学习和探索。

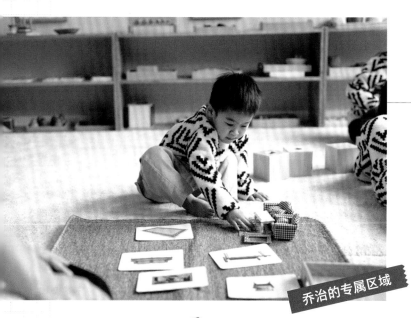

3岁以后，一些儿童会表现出渴望更多属于自己的私人空间，即便是和兄弟姐妹共用一个房间，他们依然会定义一些专属于自己的区域。

乔治的专属区域

珍妮家的专属区域

在自己的专属区域活动

用小桌子或者工作毯来区分各自的区域。

　　在这个阶段，不论你给孩子准备的桌椅是为了学习、进食，还是与家人共用餐桌，都需要为孩子留出专属的区域，并且尽可能地让这个环境整洁有序。一个有序的环境不仅可以帮助孩子很好地集中注意力，还可以为他们提供一个安全、稳定的学习空间和生活空间，从而培养他们的独立性和自主性。

　　首先，孩子在有序的环境中容易专心。当每个物品都有其固定的位置时，孩子便可以减少不必要的干扰，从而容易沉浸在手头的任务中。例如，孩子有固定的学习区域，并且该区域的学习用品井然有序，每当他们想要绘画、读书或完成其他活动时，都可以迅速开始，而不是把时间浪费在寻找东西上。

　　其次，整齐有序的环境可以为孩子营造安全感。孩子知道哪些物品可以自由使用，哪些需要在大人的帮助下使用，这样他们在操作时会很有信心。例如，在书桌的抽屉里，文具和画具被分类摆放，孩子清晰地知道铅笔在哪里，蜡笔在哪里，这样在他们需要的时候，就可以独立地拿取，不需要每次都询问成人。

　　最后，通过维持空间的秩序，父母传递出一种重视和尊重孩子的信息。当孩子看到他们的物品被妥善地放置和保管时，他们会意识到这些物品的价值，并开始模仿大人对物品尊重和保护的态度。

○ 如何营造整洁有序的环境呢?

● 合理分类

将孩子的物品按照用途和类型进行分类,并为每类物品设置专属的存放区域。

● 使用标签和图示

对于不识字的孩子,可以使用图示代替文字,方便他们识别每个物品的存放位置。

● 日常整理

与孩子一起养成每天整理物品的习惯,帮助他们认识到维持有序环境的重要性。

● **定期清理**

　　定期对孩子的物品进行清理，淘汰不再使用或损坏的物品，这样可以确保空间始终整洁有序。

● **鼓励自行整理**

　　鼓励孩子在使用物品后自行整理，这样不仅可以增强其责任感，还有助于培养他们独立的生活能力。

珍妮家整洁有序的环境

整洁有序的环境

○ 鼓励孩子进行实践并表达自己

对于 3 岁以上的孩子来说，我们可以为他们提供复杂的活动。在生活方面，可以提供烹饪、缝纫，以及照顾植物、动物等。在艺术方面，可以提供多样化的绘画、泥塑、剪贴和手工艺材料，还可以提供各种乐器和舞蹈学习，鼓励孩子创作并表达自己。

当然，基础的书写材料，比如铅笔、纸张、橡皮，以及初级阅读材料都可以逐步提供，鼓励孩子尝试读写。也可以准备一些科学类的活动教具，要以具象的形式帮助孩子去理解概念，而不是过早地进入题海。可以在环境中准备放大镜、显微镜、天文望远镜、实验工具等，鼓励孩子进行观察和实验。比起发展心智的活动，我们依然要以动手的活动为主。

自己动手洗衣

蒙台梭利博士曾经多次强调动手实践活动对于儿童发展的重要性。她说："儿童的手是他们了解世界的工具。"

自己倒水

帮助擦玻璃

帮助洗衣

自己打扫

Ryan 尝试自己剥鸡蛋

帮助洗菜

帮助择菜

○ 主题陪玩

● 活动区域和文化节日相结合

我自乔治1岁半时开始在他的教具柜上定期按照主题来设置活动，主要是根据孩子的兴趣和需求，次要是考虑每年的特殊节日来设计的。

当春天来临时，我会在乔治的教具柜上摆放一些与春天相关的活动用具，比如可以种植的小型植物、观察昆虫的教具、制作小风车或者手绘春天的小道具。这不仅可以让乔治对春天有深入的认知和体验，还能培养他的观察和探索的兴趣。

夏天，我会准备一些与该季节相关的活动道具，比如沙子玩具、水玩具、夏天分类水果、冰激凌感官玩具等，让他对夏天有全面的了解。当然，我还会加入一些与夏天有关的安全知识，比如避免长时间直射阳光，以及如何选择和涂抹防晒霜。

当秋天到来时，我设置的与收获相关的活动会比较多。我们会一起做关于秋天的手工，比如制作枫叶印画、收集各种树叶，或是一起制作叶脉书签等。

冬天，冰雪成为主题。乔治会接触到不同形状的雪花。有时，我会和他一起制作手工装饰品，或是烘焙小点心。

除了季节性的主题，对于一些特殊的节日和纪念日，比如新年、端午节、中秋节等，我也会根据其特色和意义，设计相关的活动，让乔治在玩耍中了解这些节日的意义，同时也培养他的手眼协调能力和创造能力。我的主题活动设计主要围绕感官、动作、语言和科学文化等几个方面进行。

这样的方式不仅丰富了乔治的日常生活，还帮助他建立起时间和节日的概念，更重要的是，它增加了我们之间的亲子互动，使我们的关系更加亲密。每个季节、每个节日，都成为我们共同的完美回忆。

活动区与文化节日相结合

水果蔬菜主题陪玩

工程车主题陪玩

Forklift
叉车

Dump Truc
自卸卡车

Crane

Dump truck

Truck

Ambulance

Police car

Excavator

Cement truck

叉 车

铲 车

春节主题陪玩

动物主题陪玩

卫生间，友好的蒙氏护理区

　　对于年龄在 1 岁半以下的孩子来说，他们的卫生间就是房间里的护理区域，也许是一个尿布台，也许是一张床。但是当孩子表现出对自主如厕感兴趣时，我们可以准备一个有助于其如厕的区域。

通常卫生间是家里最小的房间，是容易被我们忽视的地方。卫生间对于儿童来说可能存在很多安全隐患，比如这里的水池、坐便器以及柜子里存放的化学用品。现实当中，有很多家庭的卫生间相对狭小，或是因与老人同住，布置起来有一定的困难，我们可以在这里添加一些符合蒙氏理念，并且对儿童友好的元素。

毛巾挂钩

把孩子的毛巾挂在低矮处的挂钩上，方便孩子拿取。或者是在成人的毛巾下方增设挂钩。

如果家里的洗护用品瓶子太大，不方便小朋友使用，可以用旅行装的瓶子，以免他们使用时挤出太多造成浪费。

如果水池较高，可以准备一个增高凳或学习塔。条件允许的情况下推荐使用学习塔，因为它的四周是包起来的，更加安全。

准备一个学习塔

注意：使用这种学习塔，孩子玩耍时一旦不小心，重心不稳往后倒，后果就会很严重。如果卫生间比较狭窄，也可以在市面上找找可折叠的学习塔。

准备一个洗漱盘

准备一个洗漱盘，建议选白色的，易于搭配不同颜色的牙刷、漱口杯。记住，蒙氏家庭时刻要注意环境美学哦！

如果你买的洗漱台不配带镜子，可以买一块防爆的镜子贴在与儿童视线平齐的高度，以便其观察自己的面部和手部动作。

提供两套牙具

牙刷、牙膏、漱口杯放在孩子能够拿到的地方。再给孩子准备一面小镜子和一把梳子。如果孩子处于2岁左右的阶段，可以准备两套牙具供其选择。

乔治的洗漱区

乔治的洗漱区，下层放置盆，上层放置他的牙具和护理用品。

水龙头延伸器

如果家里使用的是传统样式的水龙头，那么可以准备一个水龙头延伸器和把手延伸器，便于孩子独立打开水龙头。

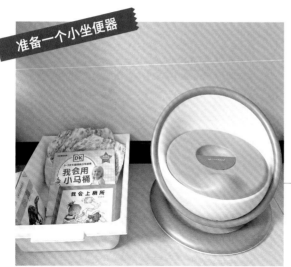

准备一个小坐便器

如果孩子正在进行如厕练习或者可以独立上厕所了，那么可以给孩子准备一个小坐便器，并在小坐便器旁边准备一个小架子或者篮子用于放一些相关物品。

　　如果孩子正在学习如厕，且家里的卫生间比较宽敞，那么可以把儿童坐便器与成人坐便器并排摆放，或者面对面摆放。这样成人上厕所的时候，引导孩子一起坐下，孩子会因为可以和成人做一样的事情而感到有趣，也容易接受。如果你准备的小坐便器跟成人坐便器很像，那么孩子会更愿意去尝试。

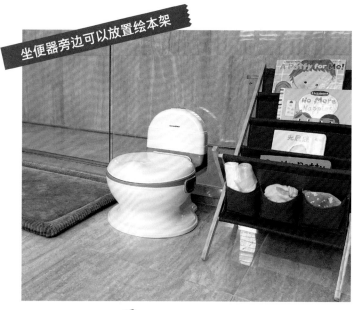

对于已经不适用小坐便器的孩子，家长可以准备一个儿童坐便器盖和一个小脚凳（帮助孩子自己坐到坐便器上）。

我家准备的坐便器盖

泡澡玩具

如果家里有洗澡时玩的小玩具,可以拿一个网兜装起来放在浴室里(注意高度),或者像圆圆妈妈一样将其存放在收纳盒中。

卫生间布置要点总结

☆ 如果家里的洗手台比较高,那么需要准备一个增高凳或学习塔。

☆ 如果不打算给孩子准备凳子,那么就把孩子的东西摆放在一个小矮柜上,保证孩子的东西都放在其能够拿到的高度。

☆ 为孩子独立拿取毛巾、刷牙、梳头发、洗脸、上厕所等提供便利条件。

☆ 把多余的物品暂时收起来,只放每天需要用的。

☆ 把化学用品放在孩子够不到的地方,或是锁起来。

☆ 蹲下来用孩子的视角观察一下这个空间,看看孩子能看到什么,以及能够到多高的位置,然后帮其准备所需要的东西。

☆ 如果你给孩子准备了学习如厕的绘本,每次仅放两三本,且定期轮换。

厨房，不是儿童的禁区，
是培养孩子独立能力和信心的空间

　　厨房对于大多数家庭来说，都是儿童的禁区。因为这里摆放了太多的危险物品。然而，儿童的探索欲望和好奇心是与生俱来的，越是不允许他们去的地方，越是他们想去一探究竟的好奇之地。事实上，厨房完全可以成为亲子活动的场所，在这里，儿童可以学习到很多成长所需的能力，比如手眼协调能力、运动能力、逻辑思维能力、语言能力、解决问题的能力、独立自主的能力等，从而衍生出自信心、归属感和安全感。

你可能在想，厨房也要布置？厨房里不是很危险吗，为什么要让孩子进厨房？

我记得在《童年的秘密》一书中有这样的描述："生活在成人世界里的儿童一副可怜兮兮的样子；当儿童坐在地板上时成人会责备他们；有些成人会像拎东西一样把儿童拎起来放在腿上；儿童会像"小乞丐"一样乞求某样东西；当儿童走进某个房间时会被成人赶出去。他们像被剥夺了权力的公民，在家庭里被剥夺了应有的权利。"当我第一次读到这段话时，眼眶瞬间湿润，这不就是我们从小经历的或是我们的孩子正在经历的事情吗？

事实上，我们是可以在兼顾安全的情况下，让孩子参与到厨房事务当中来的。

在家实践蒙台梭利理念可以让你的孩子更多地参与到日常生活的方方面面。中国人的一日三餐大多比较讲究，很多人把一天中大部分的时间都花在了厨房里。

其实我们的孩子完全可以参与到日常准备饭菜的环节中。这并不意味着孩子每天都要跟我们一起做饭，那样确实会让我们额外消耗很多的时间和精力。恰当的做法是：可以找一天，在你和孩子状态都不错的情况下进行，把它当成一次愉快的家庭活动。

在我家，孩子不会每天都参与厨房事务，但是他们每周至少有一次和我一起做饭。

二女儿做的美食

二女儿通常会帮忙洗菜、准备餐具，她很享受帮每个人摆放好碗筷的过程，还会学着餐厅里服务生的样子摆放好纸巾。她偶尔会做一些美食。

大女儿在做美食

大女儿 9 岁，她现在可以自己煮饭、煮面，还有几道拿手菜。

大女儿的拿手菜

乔治参与的方式就是把他的学习塔推到备菜者旁边好奇地观看，如果需要拿某样东西，他会非常乐意帮忙。偶尔也会帮忙洗水果。

乔治在收纳自己的厨具

乔治在学习塔上帮忙

他的餐具被存放在厨房一个低矮的抽屉里，吃饭前他会到这里来拿取自己的餐具。

把餐具放在小厨房或是普通的橱柜底层都可以，但是建议准备一个容器来帮助孩子整齐地摆放餐具。每次餐具洗完以后可以让孩子把勺子、叉子、筷子进行分类摆放。

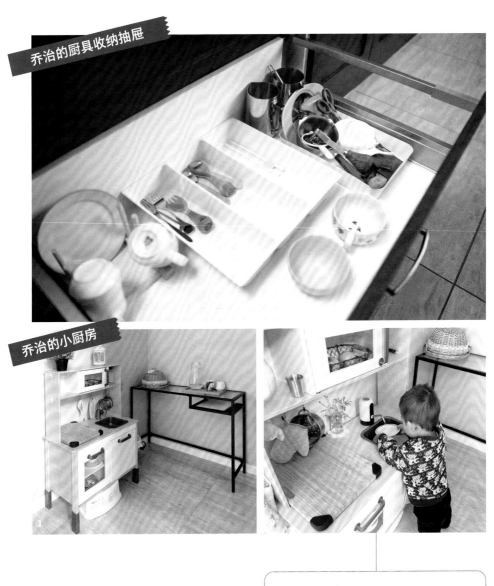

乔治的厨具收纳抽屉

乔治的小厨房

其实孩子在小厨房不仅可以准备食物，还可以做很多的活动。

为孩子准备厨房区域的几点建议

☆ 在厨房里专门留出一个矮柜用来摆放孩子的盘子、碗等餐具,孩子可以选择他想要的盘子,用自己喜欢的方式来布置桌子,当他饿了、渴了时到这里可以找到吃的、喝的。

☆ 在孩子可以轻松够到的位置准备一个水罐(也可以安装一个自动抽水系统),让孩子可以按需取水。但是注意不要在水罐里放太多水,用完了再加。

☆ 为孩子留出一个清扫区域,并为他准备一套清扫工具。

☆ 准备一条围裙,挂在孩子可以随手拿到的地方。

☆ 准备一款清洁用品,比如抹布或海绵等。

☆ 准备一瓶自动出泡沫的洗手液。

☆ 条件允许的话给孩子准备一个学习塔,让他可以站在上面看到你所做的事情,并且可以参与到厨房家务当中,比如择菜、搅拌、打蛋等。

准备的围裙

高度适中的小厨房

用水杯喝水

我建议大家给孩子使用适合儿童年龄的玻璃杯、陶瓷餐具或者非塑料材质的碗。让孩子学会小心地去使用这些东西,同时,也会有机会让他们去感受身体的平衡。

起初孩子可能会打碎一些杯具,但是他们很快就会意识到玻璃和陶瓷是易碎的。家长在孩子拿易碎物品时要这样提醒:"两只手拿,慢慢走。"千万不要说:"小心,别洒了,别掉了。"很可能下一秒孩子就把水弄洒了,把杯子打碎了,这就是有趣的"白熊效应"。不信你可以试试,在心里默念"白熊",看看脑海中是不是浮现出了白熊的样子。

圆圆的小厨房

圆圆的小厨房

如果把饮用水和零食都放在高处或者柜子里，孩子渴了、饿了就没办法独立拿取。所以，我在小厨房里放了当日份的水果和小零食。在乔治 14 个月大时我就给他准备了一把小茶壶，供他自己倒水喝。有时前一天晚上我会把麦片放在密封盒里，第二天早上孩子可以独立地把盒子拿下来并打开，将麦片倒进碗里，再倒入一小杯牛奶，就可以享用自己的早餐了。

正如前面所说，在你和孩子状态都不错的时候，可以邀请他帮你一起备菜，例如削土豆、搅拌沙拉、剥豌豆、涂抹果酱、撕生菜、布置餐桌等。

　　我想提醒一下，如果当天你准备让孩子和你一起备菜，那就多预留出一些时间，同时也要降低你的期望值，因为过程中可能会出现一些小意外，比如洒了一地水，孩子削的土豆可能所剩无几，果酱、牛奶弄得满桌子都是等。他们正在学习独立，请给他们时间和锻炼的机会。

　　有人向我询问，孩子多大可以使用敞口水杯。在很多蒙氏家庭中，从孩子吃辅食开始就使用敞口杯喝水了。但是这时候使用的杯子比较小，其尺寸和家里的白酒杯差不多，孩子的小手可以轻松地抓握，每次只倒一口水的量，允许他尝试自己将水送到嘴里，这是很好的手眼协调练习。

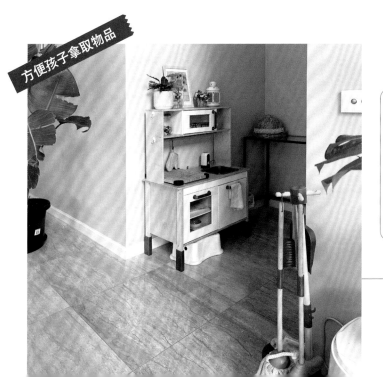

方便孩子拿取物品

　　把不经常使用的东西从小橱柜里拿出来，方便孩子拿取最重要。干扰项越少，孩子可能做得越好！

学习塔

关于学习塔，市面上有很多的选择，建议在选购的时候注意尺寸，也有可以折叠的。学习塔需要一些重量来保持它的稳固性，但是太重的凳子孩子可能推不动。通常来讲，孩子会走路以后，我们准备的小家具最好是可以移动的。

1

学习塔是一件蒙氏教育法中非常实用的工具，你也可以自制一个。尽管学习塔很安全，但还是建议儿童要在成人陪同下使用，以防侧翻。

2

Tips

安全小贴士

厨房区域的确会有一些危险物品。如果你认为这些物品有危险，比如成人的刀具、化学用品等，要么将其放到孩子够不着的地方，要么锁起来。现在市面上有一种隐形的磁铁锁，只有拿到磁铁钥匙才能打开，推荐使用。

生活中，家长可以有意无意地跟孩子多聊些厨房里的安全问题，告诉他各种工具的正确使用方法，并且给他准备合适尺寸的工具来满足他的好奇心。当然，前提是保证安全。

自己做的饭特别香

进餐区，打造智慧空间，
这里是孩子学习优雅与礼仪的启蒙教室

　　孩子出生后就应该为其准备固定的进餐区域，随着年龄的增长，进餐区域也要跟随孩子的需求不断地调整。千万不要小看这个区域，中国人常说"民以食为天"，餐桌文化是中国文化的重要组成部分。因此，一个智慧的进餐区域是儿童学习优雅与礼仪的启蒙教室。

孩子出生后就要有一个固定的进餐区域,哺乳椅一般放在角落,最好靠窗,旁边可以放一盆植物。

在孩子4个月大后就可以为其准备断奶桌椅了,这种桌椅高度合适,并且带有扶手,可以避免孩子从椅子上摔下来,还有很重要的一点是当孩子长大些时就可以自行坐立。

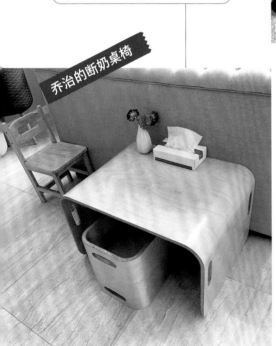

要选择孩子坐下后,脚可以踩在地面上的椅子。如果买不到合适的椅子,可以考虑把家里的椅子腿锯掉一截。

注意，在孩子 4 个月大后准备断奶桌椅并不意味着要在这个时候给孩子断奶，而是让孩子在吃奶时与这套桌椅产生联系，为之后孩子自主吃辅食做准备。在孩子开始吃辅食时，就可以让他坐在带扶手的椅子上，家长坐在桌子的对面。和吃母乳的时候相比，这时候成人和孩子之间逐渐拉开了一张桌子的距离，这也是在为之后的分离做准备。

在蒙氏理念中，不建议使用需要大人帮助孩子坐立的高脚餐椅

准备一个餐垫

这种餐垫在孩子 6 个月大后就可以准备了，或用一块纯色的布（帆布较好），在上面画出或者绣出盘子、勺子、叉子和杯子摆放的位置，帮助孩子养成良好的进餐习惯，也便于在他们开始自己准备餐具时知道如何摆放。

乔治 1 岁半以前，吃早餐、午餐和零食都是在他自己的小桌子前，但是晚饭或者家里有聚餐时会坐在餐椅里跟成人一起在餐桌上吃饭。

后来我买了一把成长椅，从此以后，他就习惯了跟我们一起在餐桌上吃饭。他可以选择自己要吃什么以及吃多少。而我们也会告诉他，吃多少拿多少，吃不完的食物会被留到下一餐继续给他吃。

很多家长说，吃饭的时候孩子会一边吃一边玩。饭没吃完就想下餐椅。这样的情况多半是因为孩子不饿。我会开始上桌吃饭前就让他明白一个规则，那就是离开桌子表示你们已经吃饱了，那么他的餐具就会被收起来了。当然了，在直接收走碗之前，我会友好地提醒他两次。如果依然无视，那么这一顿饭就结束了。在下一顿饭开始前将不再为其提供任何零食，只能喝水。经过几次孩子就会明白这个规则。你让他知道了边界，他反倒不会一次次地去触碰你的底线了。

温馨提醒：让孩子感到饥饿并不是一件坏事，偶尔让他为自己的行为买单，反而会为之后更好地进食带来积极的影响。

记得提前跟家里的老人说好规则，然后全家一起执行。毕竟全家人都希望孩子养成良好的进餐习惯。吃得好，才能健康地成长嘛！

乔治使用成长椅吃饭

在我家，大多数情况下，孩子吃完饭都会自己把碗收走，然后用抹布把桌子擦干净。这时候你会看到混龄教育的好处，因为当桌子特别脏的时候姐姐会帮助弟弟，他们会合力把桌子清理干净。如果我们从孩子一岁半开始，帮助他们养成这些习惯，那么等他们长大了，这也会顺理成章地成为他们日常生活的习惯。

圆圆家的白色成长椅

延轩家的成长椅

在传统的蒙氏家庭里，开饭前会用一首歌来对食物表达感谢，帮助孩子学会感恩，也听说有人这样对食物来表达感谢："地球，我们感谢你提供的食物，为了和平与安宁，为一切美好，为了风雨和阳光，但最重要的是为了我们所爱的人。"

在餐桌上摆上鲜花

在餐桌上摆放鲜花，让用餐成为美好的体验，秀色可餐，胃口也变得更好呢。

阅读区，了解布置规律，轻松培养
爱读书的孩子

阅读区域的设置也有讲究，设置好的话，有助于培养出一个爱读书的孩子。

无论在卧室还是在客厅，我都给孩子准备了让他们可以随时看到书的地方，我不会刻意要求他们看书，但是每次更换绘本后，孩子总能被绘本封面吸引，从而找到让他们安静下来阅读的书。

我是一个非常喜欢买书的妈妈，家里有很多书。几乎每一个房间都有一个放书的区域，客厅、卧室甚至卫生间里都会有书。

书与活动相关联

这个书架上的书是跟教具柜的活动相关联的。比如这时候我们在做身体方面的主题陪玩，那么这个书架上的书也正是与此相关的内容。

这两个书架被放在了房门外的过道边，用来摆放两个女儿的睡前绘本。

这两个纸箱是丈夫从店里搬回来的贺卡展示架，算是废物利用。因为这种架子几乎每个季度都会有，所以我突发奇想，用它们来做女儿们的绘本展示架也是不错的。

宝宝学习如厕期间，家长可以在小坐便器旁边摆放与学习如厕相关的书，对此不同家长可能有不同的看法。在我看来，选择是否在小坐便器旁边摆放与学习如厕有关的书，取决于宝宝的个性和喜好以及家长的教育理念。如果宝宝对此感兴趣，愿意在如厕时看书，并且这种方式对其适应坐小坐便器有帮助，那么可以尝试在小坐便器边摆放绘本。但如果宝宝对此不感兴趣，或者家长倾向于让宝宝专注地练习如厕，那么也可以不摆放书籍。

重要的是，家长要根据宝宝的个性和反应，灵活地调整学习方式，保持耐心和理解，鼓励宝宝逐渐适应如厕过程，养成积极的如厕习惯。在任何学习过程中，家长的陪伴和理解都是非常重要的，要帮助宝宝建立自信并养成良好的习惯。

如厕区放置书架

陪伴孩子阅读

专注看书的乔治

享受读书的时刻

1

2

阅读区域的布置建议

☆ 光线一定要充足。

确保儿童阅读区域的光线充足，这对于保护孩子的视力至关重要。

阳光是最好的光源，尽量选择光线明亮、柔和的窗边位置作为孩子的阅读区域，有助于保护眼睛、提高阅读效率。确保光线柔和且均匀，避免强光直射眼睛，以防出现视疲劳和眼睛不适。

在天气阴沉或光线不足的情况下，可以选择补充光源，比如台灯或护眼灯。选择柔和、均匀的照明设备，避免强光直射。LED 节能灯，是大多数家庭的首选，同时它也可以提供均匀的照明效果，不易产生闪烁和眩光。市面上的一些护眼灯也是可以考虑的。选择能够调节亮度和色温的灯具，满足孩子不同阅读环境下的需求。

暖色调的光源有助于减少眼睛的疲劳感。确保阅读区域的光线充足，但不要过于明亮，以免造成刺眼的结果或影响孩子的注意力。将灯具放置在孩子的一侧，避免直接照射书本或屏幕，有助于减轻眼睛的负担。不论使用何种光源，都建议孩子在阅读或学习 20 分钟后进行适当的眼部休息，远离屏幕或书本，眺望远处来放松眼睛。

☆ 书本的封面易被看到。

让书的封面正对着外侧，孩子便可以一眼看到封面，他们会被那些有趣的封面吸引，有助于激发他们的探索欲，从而愿意去拿起并翻阅书籍。

展示书籍封面

即使书架上有大量的书籍，孩子也能够快速地浏览封面，找到自己感兴趣的主题或故事。这有助于他们在众多选项中做出自己的选择，提高阅读的主动性。孩子通常会记住自己喜欢的书的封面，将这些封面和故事内容建立联系。这种联系能够激发他们对阅读的兴趣，并增加阅读的乐趣。除此之外，封面上的图案和文字也有助于孩子的视觉认知和语言发展。他们可以通过观察封面上的图案和文字，增强对语言和图像的理解能力。

阅读区域可以有椅子，也可以只有一张垫子或几个靠枕，还可以考虑设置一个小沙发或者豆豆袋沙发等。按照孩子的阅读习惯来布置和选择是最好的。

市面上的书架五花八门，建议大家使用纯色的木质书架，比如原木色、白色。要注意的是，过多的颜色容易让孩子的注意力放到这些色彩上，分散其注意力。

圆圆爸爸自制的书架

绘本的颜色比较丰富，如果书柜的颜色也很丰富，那么就很难凸显绘本了，也难以实现"邀请"小朋友阅读的效果了。

简洁的书架

因为家里三个孩子的书实在太多了，所以我们定制了一面书柜墙。为了方便，我们直接买了宜家的毕利书柜，回来自己组装。根据我家的墙面情况，它高 2.37 m、宽 3.6 m，几乎占满了一整面墙。书柜费用约为 4600 元。

成品的书柜墙

如果家里空间有限，可以参考笑笑妈妈的做法，在衣柜门上安装亚克力槽，用来摆放绘本。

简易的书架

乐多的书架

米妈家的书架简约而又温馨。

也可以像乐多妈妈一样，在家里客厅的角落为孩子设置一个读书角。

米妈家的书架

彤彤家的书架

毛豆家把阅读区域放在了阳台的一侧，在保证了光线的情况下，还能充分利用空间，一举两得！

毛豆家的书架

艺术手工区，是最可能脏乱
的区域，但也是孩子最自由的探索区域

　　为孩子设计一个艺术手工区域，允许他们自由探索和创造，这是一个很可贵的想法。然而，家长需要有心理准备，这样的区域可能会很脏很乱。

　　孩子在探索和学习的过程中，可能会涉及绘画、泥塑、剪纸、贴纸等多种形式的创作，在创作过程中难免会弄脏环境，房间也变得杂乱。他们会把颜料涂在桌子上，会把黏土揉成各种形状且散落一地，会把剪下的纸片贴得到处都是。面对这些情况，追求整洁和秩序的家长，可能会感到苦恼。

　　然而，通过亲手操作、犯错、调整，孩子才能掌握各种技巧，形成创新思维，发展精细动作能力，锻炼解决问题的能力。这样做不仅能帮助孩子自由地探索和尝试，而且在整理和清洁的过程中，他们的责任感和自我管理能力也得到了提升。

● 为孩子提供艺术和手工艺活动用品

艺术和手工活动不仅能激发孩子的创造力和想象力，还能提高他们的手眼协调能力。另外，这些活动也是孩子自我表达的重要方式，有助于他们更好地表达自己的感受和想法，从而提升社交和沟通能力。

无论是绘画、剪纸，还是其他手工活动，都是孩子培养创新精神的重要途径。在这个过程中，混乱是自然的一部分，我们作为家长应该理解并接受。这种混乱实际上是孩子探索和学习过程中的必然现象，是他们学习和成长的见证。

笑笑家的艺术手工区

我们可以提供各种艺术和手工艺活动所需的材料和工具，让孩子在安全的环境中自由探索和创作。我们也可以参与到他们的活动中，这不仅能够帮助他们提升创造力和技能，同时还能增进亲子关系，增强相互的理解。这些手工活动不仅有助于孩子的成长和学习，同时也是一种美好的家庭互动方式。

我家的艺术手工区

毛豆家的艺术角

这是毛豆家设置在阳台的艺术角。装饰品是爸爸用在户外捡回来的材料和毛豆一起制作的。

这个教具柜上的用品也会定期轮换，从而鼓励毛豆进行创作，自由探索。

让孩子尽情地去探索，给孩子提供更多创作的空间。

我家艺术手工区

乔治的手工作品

适合孩子涂鸦的水写板

● **美化环境，也是美育启蒙的一种方式**

环境需要一些绿植和优质的艺术作品来进行点缀，这是美育启蒙的一种方式，也是蒙氏家庭环境创设中不可或缺的部分。绿植能为家居环境带来生机和活力，给孩子提供生活化的学习体验。通过照料绿植，观察其生长过程，孩子可以了解自然的循环和生命的成长。这样的经历不仅可以培养孩子的耐心和责任心，还可以激发他们对自然世界的爱护和敬畏。

延轩宝宝在浇花

乔治在插花

优质的艺术作品，无论是绘画、雕塑还是摄影，都会为家庭环境增添艺术气息，激发孩子的想象力和创造力，促使他们从不同的角度看世界，从而理解不同的表达方式。孩子在这样充满美感的环境中生活，学会欣赏不同形式的美，这对于他们日后的艺术修养和审美情感的发展都是有所助益的。

涂鸦创作

圆圆在创作

　　此外，这样的家庭环境也会对孩子产生潜移默化的影响。它无形中告诉孩子，生活并不仅仅是日常的例行公事，还可以充满色彩和美感。这样的理念会逐渐渗透到孩子的生活态度和价值观中，使他们学会欣赏生活的美好，注重生活的质量，追求更高层次的精神满足。

　　同时，家长和孩子参与艺术创作活动，比如一起画画、制作手工艺品或欣赏音乐，孩子会感受到艺术与生活的紧密联系。这不仅仅是孩子个体的美育启蒙，更是一种家庭共同参与、共同成长的方式。它让孩子明白，艺术不是遥不可及的高雅追求，而是每个人都可以参与和享受的生活实践。

　　因此，在蒙氏家庭环境创设中，添加绿植和艺术作品不仅是为了装点空间，更是一种深思熟虑的教育策略，旨在通过创造一个美丽、宁静和鼓励探索的环境，促进孩子的全面和谐发展。这样的环境不仅滋养了孩子的身体和心灵，还引领他们步入了一段充满想象力和创造力的美丽人生旅程。

户外活动区，为孩子提供合理的空间，
促进其身体和大脑的发育

对于 0 ~ 6 岁的儿童来说，运动对他们的身体和大脑发育都起着至关重要的作用。通过运动，儿童可以增长肌肉、提高协调性和平衡能力。运动也可以促进儿童大脑的发育和提升认知能力。

虽然不是每个家庭都有户外院子来供孩子活动，但家长可以合理地利用家附近的活动区域。可以是小区的活动场所，甚至是附近的公园、操场、郊区等，只要能提供安全、开阔的空间，都是很好的选择。

在户外，孩子可以爬行、跳跃、奔跑，感受自然风光，同时也能锻炼身体、增强体能，增加感官探索机会。这些活动不仅促进了孩子的身心发展，也为他们提供了了解自我和与世界互动的宝贵机会。

通过运动和户外活动，孩子可以直观地了解自己的身体是如何运作的，从而培养自我意识和自我照顾的能力。比如，他们可以通过尝试不同的运动方式，比如跑、跳、爬、滚，来认识其自身的肢体协调性和平衡能力，学会评估自己的能力范围并为自己设定安全的边界。

同时，户外活动也为孩子提供了丰富的社交机会。在公园或操场上，孩子会遇到其他的小伙伴，这是他们练习社交技能（比如分享、合作、交流和解决冲突）的重要场所。通过这些互动，孩子学会了如何与人建立友好关系、如何有效地表达自己的想法和感受，以及如何理解和尊重他人。

户外活动还能让孩子接触到丰富多样的自然环境，这对于他们的感官发展和认知拓展都具有重要意义。例如，他们可以通过触摸树叶和石头、聆听鸟鸣和风声、观察植物的生长和动物的活动，来锻炼自己的观察力和思维能力。这些亲近自然的经历有助于培养孩子爱护环境和热爱生活的态度。

为了丰富孩子的运动体验，家长可以通过一些创意方式，在室内为孩子创造更多运动的机会：设置一些简单的家庭健身区域，比如用软垫搭建一个小型攀爬区，或通过布置一个舞蹈角落来鼓励孩子自由地表达自己。这样不仅让孩子在家中也有足够的运动量，还能让他们学会如何在有限的空间里，创造出无限的活动和学习的可能。

和小伙伴一起在后院办派对

孩子在浇花

乔治出生以后我们搬到了一个更大的房子里，这里的户外空间比较开阔，春天我们会一起播种，其他的三个季节里可以享受收获的喜悦。

圆圆家的院子

生活在城市里的圆圆很幸运地拥有一个小院子。我特别喜欢圆圆妈妈在这里给孩子安排的活动。这个小院子成了圆圆一家的宝藏之地——一个充满生机、探索和爱的空间。

● **圆圆的活动区**

在每一个阳光明媚的周末，圆圆妈妈都会与孩子一起植树种花。她们将泥土倒入花盆，将手插进泥土里，感受泥土的温度和湿度。圆圆妈妈会耐心地教圆圆如何给植物浇水，如何施肥，解释阳光和土壤对植物生长的重要性。这不仅教会了圆圆如何照顾生命，还激发了她对自然界规律的好奇心。

圆圆妈妈在这里为孩子安排了一系列富有创意的活动。她们将沙子和水混合，制作"小蛋糕"，构建迷你的城堡和公路。这些游戏活动不仅锻炼了圆圆的动手能力，也提升了她的空间想象力和创造力。

在院子里野餐

夜幕降临后，院子变得宁静而神秘。这时，圆圆妈妈会带着孩子一起仰望星空，讲述关于宇宙的故事。在这样的夜晚，院子不仅是圆圆和家人亲密互动的场所，更是她开启对广阔宇宙的想象和探索的窗口。

通过在院子里开设的这些活动，圆圆妈妈不仅为孩子创造了一个自由、健康和充满爱的成长环境，更巧妙地将蒙氏教育理念融入日常生活中，让孩子在日常生活中自然地学习和成长。

圆圆家的乐园

这个小院子对圆圆一家来说，已经不仅仅是一个户外空间，它是一个充满生活情趣和教育智慧的"小宇宙"，是圆圆和家人一同成长、一同学习的温馨家园。

我常常在圆圆妈妈的朋友圈里看到她分享的后院，心里不禁感叹：这也太会布置了吧！怎么可以这么美！夏天小朋友在院子里玩水，冬天在这里玩沙。一年四季美景尽收眼底。如果你家小区也有这样的区域，可以参考她的方案。

2 | 3

不能出门的夜晚，或者天气不好的时候，也可以在家里的活动区域设计一些活动，这样的家庭环境，孩子怎能不喜欢？

在这样的日子里，圆圆妈妈就会变成孩子最亲密的游戏伙伴和引领者。她利用外接阳台的空间，为孩子创造了一个迷你的探索世界。一些简单易得的材料，比如纸箱、绳子和枕头，经过简单的搭建，就变成了令人兴奋的游戏场所。有时候，她们还会在家模拟露营的场景，搭一个小帐篷，在里面聊天、讲故事。

为了激发孩子的艺术潜能，圆圆妈妈会准备一些画纸、画笔和颜料。在温暖的灯光下，全家人围坐在一起，每个人都沉浸在自己的艺术世界中，用手中的画笔自由地挥洒。圆圆妈妈鼓励孩子表达自己的情感和想法，这样的环境使得艺术不仅仅是一张画，更是孩子自我理解和自我表达的方式。

圆圆爸爸做的绘画板

除了画画，音乐和舞蹈也是圆圆家常设的活动。圆圆妈妈会放一些轻松愉悦的音乐，引导孩子随着音乐的节奏舞动，释放她的活力和情感。这样的活动不仅锻炼了孩子的身体，还有助于培养她对艺术的感知和欣赏能力。

在安静的夜晚，家庭阅读时间也是一个重要的环节。圆圆妈妈会选择一些富有启发性和知识性的绘本，温柔地为孩子朗读。这个特殊的时段，不仅拉近了家庭成员之间的情感距离，也培养了孩子对阅读和学习的兴趣。

在这样丰富多彩的家庭环境中，无论是在户外的小院子，还是室内温馨的活动区域，孩子总是充满了快乐和安全感。她知道，在这个充满爱和关怀的空间里，可以自由地探索、学习和成长，这正是圆圆妈妈以蒙氏理念精心营造的家庭教育环境的魅力所在。

圆圆妈妈说下图所示区域其实是一个外接阳台，所住小区都是这样的设计。一边用来摆放洗衣机、存放日用品，另一边就是给圆圆设置的活动空间。地上铺了厚厚的垫子，孩子打滚、跑跳都没问题。

圆圆在这个空间里尽情地玩耍

● 阳台也是孩子接触自然的"小天地"

　　即使家里没有院子，只要有阳台，就可以作为孩子接触自然的小天地。让我们一起探讨如何充分利用这一有限的空间，给孩子增加更多户外活动的机会。

　　可以把阳台转化为一个迷你花园。在这个空间里，可以种植一些容易照料的植物，比如多肉植物或蔬菜。孩子可以参与浇水、修剪和种植的过程，这不仅能够让他们学习到植物生长的知识，还能培养他们的责任感和爱护生命的意识。通过这样的活动，孩子可以真实地感受到自然的节奏和生命的成长，这本身就是一种宝贵的户外体验。

　　也可以在阳台设立一个小型的户外绘画或艺术手工区。在晴朗的天气里，孩子可以在阳台上绘画或者做一些简单的手工艺，比如泥塑、纸艺等。阳光、微风和自然的光线都增加孩子创作的乐趣。这样孩子就能在阳台舒适的环境中自由地发挥创意，同时享受到充足的阳光和新鲜的空气。

还可以把阳台用作孩子的观察站。在合适的时间，家长可以与孩子一同观察窗外的天空、云朵、鸟儿或者远处的风景。这种观察活动能够激发孩子的好奇心和探索欲望，同时引发他们对自然世界的敬畏和欣赏。例如，晚上家长和孩子可以一同观赏星星和月亮，这不仅能拓宽孩子的视野，也是一种特殊的户外体验。

● 充分利用户外活动区

除了阳台，充分利用小区内的公共设施和附近的户外活动场所也是为孩子提供户外体验的有效途径。例如，许多小区都设有儿童游乐场或广场，这些地方通常是孩子们玩耍、交友的理想场所。简易的攀爬架、秋千和滑梯，都可以帮助孩子锻炼肌肉，促进身体协调性和平衡感的发展。

对于稍大一点的孩子，小区的篮球场或羽毛球场也是他们运动的好选择。不仅如此，家长可以在周末带着孩子走出小区，到附近的公园、绿地或湖泊边进行户外活动。这些地方不仅提供了丰富的自然资源，比如鸟类、植物和水体，还有各种户外活动设施，比如自行车道、烧烤区等。

为了让孩子更好地接触户外，家长还可以加入一些户外活动小组或俱乐部，比如徒步社团、露营社团或观鸟社团。这样孩子不仅可以在自然中成长和学习，还能结交一些有共同兴趣的小伙伴，与他们一同分享户外的乐趣。

即便生活在城市里，通过充分利用周围的资源和设施，我们完全有能力为孩子创造丰富的户外体验。这些经历不仅能培养他们的身体素质，更能拓展他们的视野，激发他们的好奇心和探索欲望。

一起出来玩的"家庭日"

周日对我家来说是一个特别的日子。我们明确规定，这一天不会安排任何兴趣班和补课，至少目前我们是这样坚持的。同时，我和丈夫尽可能不在周日安排工作，因为这一天被我们定为"家庭日"。

家庭日对我们来说意味着亲密和自由。有时去海滩，感受海浪轻抚脚底的凉爽，和孩子们一起捡贝壳、堆沙堡。或者去农场，让孩子们亲手抚摸和喂食那些可爱的农场动物。果园则是另一个绝佳的选择，可以在那里品尝直接从树上摘下的新鲜水果，孩子们也能直观了解水果是如何生长的。

　　当然，我们的选择也并不局限于远离城市的地方。城市中隐藏着各种各样免费的儿童游乐场地，我们常常去寻找这些"宝藏基地"。

　　更重要的一点，家庭日也是丈夫与孩子们增进亲子关系的宝贵时刻。在这一天，丈夫会特意陪着孩子们来到开阔的场地，一起疯跑、打闹，做一些平日里由于工作忙碌而难以共同体验的活动。这样的时光，不仅锻炼了孩子们的身体，还让他们深深感受到了父爱如山的温暖。

　　总之，家庭日的活动对我们而言，不仅仅是一种休闲方式，更是一个家庭团聚、亲情升温的重要机会。这一天，我们会暂时抛开繁忙的工作和内心的压力，全心投入与孩子们相处的美好时光中，一同编织属于我们的温馨而难忘的回忆。

孩子们一起玩耍的时光

户外攀爬

1

2

3

4

家庭环境
布置汇总

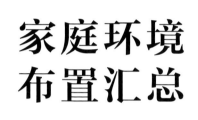

小户型家庭的蒙氏环境布置

每次我分享我家的环境创设，总有人说："如果我家有你家这么大地方，那么我也可以"，或者"我家地方太小了，根本摆不下这么多东西"。

刚结婚时的老房子

刚结婚的时候，我们一家人住在一所老房子里，三室一厅，每个房间都不大，家里三口人，加上偶尔会来的公婆，空间显得有些拥挤。孩子没有自己的房间，客厅成了她的活动区域。

二宝出生后，为了方便丈夫上班，我们搬到了一间公寓，两室一厅，面积相比之前更小，客厅和餐厅共用一间，书房和玩具房也共用一间。但是我们尽量保持客厅区域整洁，让孩子在这个不到 15 m² 的空间里自由成长。在客厅和阳台连接处，孩子可以躺着看蓝天、趴着看树叶飘舞。她在这里可以到处爬，最后是借助小方桌学会了扶站和走路。虽然在这样的小面积房屋里生活，但我也会尽可能地为孩子创造一些条件去满足其成长的需求，而这也成为我们珍贵的回忆。

小户型家庭布置蒙氏环境需要遵循的原则：

● **克制购物欲望**

在居住空间有限的情况下，我们决定买东西前更需要谨慎。很多时候，我们会被种种诱惑所驱动，购买那些实际上并非真正需要的物品。一年下来，这些物品可能在角落里尘封，这就证明了它们并非我们生活的必需品。大家都在购买的物品，可能并不适合我们自己的实际需求。因此，我们需要定期进行"断舍离"，清理并淘汰那些不再使用的物品，尽可能使住所保持有充足的空间和整洁的环境。

然而，对于有孩子的家庭，控制购物欲望尤为困难。看到别人的孩子有滑板车，我们想给孩子买；看到别人的孩子在玩小火车，我们也忍不住想为孩子添置。我们往往会根据自己的理解和意愿，为孩子购买各种各样的玩具。然而结果往往是，孩子对这些玩具并不感兴趣，甚至根本不玩。家中的玩具堆得满满当当，这样反而使孩子感到迷茫和困惑，更加喜欢黏着父母。

其实对于孩子来说，真正的成长和学习，并不取决于他们拥有多少玩具，而是取决于他们与世界的互动和对世界的体验。他们需要的不是数量，而是质量。因此，我们可以调整购物策略，从孩子的角度出发，切实考虑他们的需求和兴趣。我们应该选择一些能够丰富他们的感观体验、激发他们的想象力、创造力的玩具，而不是那些仅仅看起来好看或者流行的玩具。

同时，我们也可以尝试引导孩子去参与那些无须太多玩具就可以进行的活动，比如阅读、户外活动、家庭游戏等。这些活动不仅能够丰富他们的生活经验、提高他们的各种能力，而且有助于节省空间、减小我们的消费压力。

每个孩子都渴望探索世界，最容易接触和掌握的是日常的活动。孩子在帮助父母做家务的过程中，比如清理玩具、扫地、叠衣服、洗碗等，可以锻炼自己的动手能力和独立生活的能力。同时，这些活动也能让孩子体会到完成任务后的成就感，在无形中培养他们的责任感和团队合作精神。例如，在清理玩具的过程中，孩子会认识到每个物品都有固定的位置，也会在玩耍后整理自己的东西。在帮助父母做饭的过程中，孩子不仅了解到食物是如何制作的，也能体会到团队合作的乐趣和重要性。

家庭是孩子最初的学习场所，而日常的活动则是他们最早接触的"课程"。如果我们能够利用这些日常的活动引导和教育孩子，就能在不知不觉中提高他们的生活能力、培养他们的社会性，并帮助他们更好地理解和适应环境。"高科技"玩具可能会给孩子带来短暂的娱乐和喜悦，但是着眼于孩子的长远发展，真正有价值的是可以帮助他们获得实际技能和增强自我认知的活动。

所以，不用纠结你的孩子玩具没有别人多，你源源不断的爱和陪伴才是 0 ～ 6 岁阶段孩子真正需要的，这也是他们未来走向社会的勇气。

● 合理地划分空间

我们一家四口曾在仅有 60 m² 的房子里度过了一年多的时光。虽然空间有限，但好在房子格局设计相对合理，每个房间都有充足的收纳空间，洗衣机隐藏在柜子里，为我们争取了更多的活动空间。即便空间有限，我们仍然可以为孩子打造一个彰显蒙氏教育理念的健康快乐的成长环境。

我的启蒙老师西蒙·戴维斯（Simone Davies）制作过一个视频，视频中展示了一对生活在荷兰阿姆斯特丹的母女，她们住在只有 50 m² 的公寓里，但依然在有限的空间里为儿童独立学习提供了条件。空间有限并不意味着孩子的成长与学习就会受到阻碍。事实上，通过打造充满创意的学习空间，我们能够帮助孩子实现更好的自我发展。

让我们以霖霖家为例，他们就是居住在小户型住宅中的家庭。尽管他们的住宅空间有限，但是霖霖却从不缺乏探索和学习的机会。为了给孩子创造一个适合自由学习和成长的环境，霖霖妈妈在家里精心设计了三个区域：霖霖妈妈用沙发将客厅划分出一个活动区，那里摆放了霖霖的玩具和小桌椅，使这个空间成为孩子独立学习和游戏的天地；在阳台上，霖霖妈妈摆放了一些多肉植物和浇水工具，这里成了霖霖的小小园艺区，她在这里学会了如何照顾生命和感受大自然的节奏；霖霖妈妈还在沙发后面划分出一个安静区，当霖霖需要独处或冷静时，这个区域可以帮助霖霖安放她的情绪。

所有的教具和材料都放在霖霖能够轻松取得的低处。例如，画笔和纸张就放在开放式的储物柜中，供霖霖轻易地取用。墙上装有一些挂钩，霖霖的背包和外套就整齐地挂在上面。这不仅节省了空间，也鼓励霖霖自主地管理自己的物品，培养了她的责任感和组织能力。

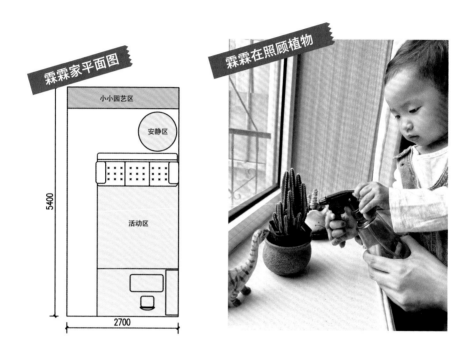

霖霖家平面图

霖霖在照顾植物

每当霖霖完成一个任务或者活动，她都会知道如何归还物品，来保持环境的整洁。在这个过程中，霖霖在有限的空间里学习到了独立、自我管理和维护环境的重要性，她学会了整理、分类物品和爱护自己的学习空间。

更为值得一提的是，霖霖妈妈会定期与霖霖一起评估和调整这些空间。霖霖的父母会根据霖霖的兴趣和发展需求，灵活地调整物品和布局，确保这些空间真正服务于孩子的成长，而不是固定不变地维持一个样子。

这个例子正好说明了，无论生活空间大还是小，我们都能通过创新和合理的规划，为孩子创造出一个充满乐趣和学习机会的环境。有限的空间，可以孕育无限的可能，关键是我们如何用心去布置和引导，使之成为孩子健康成长的温馨港湾。

● 在有限的空间里探索与学习

小户型家庭在布置蒙氏环境时，需要充分发挥空间的利用率，将每一寸空间都变成孩子学习和成长的舞台。

首先，充分利用每一寸空间。那些常被忽视的角落，其实是潜在的宝藏。例如，可以将一个小角落改造成一个温馨的阅读区。一把舒适的小椅子，配上一盏暖黄色的台灯和一个低矮的书架，孩子就可以在这里安静地阅读和思考。同样地，另一个角落可以设置为艺术空间，摆放一些画纸、彩笔和手工材料，鼓励孩子自由地绘画和手工制作。

其次，墙面是一个常被忽视但潜力巨大的空间。可以在墙上安装一些开放式的收纳盒，方便孩子自主地取放教具和玩具。墙面也可以作为展示区，设置一个易于更新的展板，鼓励孩子将自己的作品挂起来，这样不仅肯定了孩子的努力，还能装饰整个空间。我家墙面上放了随时可以打开更换画作的相框，背面还有空间可以存放约 15 张的作品，解决了作品的存放问题。

再次，为了优化有限的空间，选择多功能和可变换的家具也是节省空间的好办法。例如，沙发床可以在日间作为孩子的阅读区和游戏区，在夜间则转变为安稳的睡床。用餐时，折叠桌可以做餐桌，其他时间可做学习桌或绘画台。

最后，所有的设计和布局须以孩子为中心，这是更为重要的。所有的设备、家具、收纳盒等都应放在孩子能够轻易取得的地方，这样孩子可根据自己的需求，自主地选择和整理物品。

在这样的生活环境里，孩子可以自然地学习和成长。小户型的家庭在布置蒙氏环境时虽然面临一些挑战，但是通过巧妙和有创意的空间规划，依然能为孩子营造一个充满关爱、鼓励自主和尊重个体发展的环境。

总的来说，利用蒙台梭利的教育理念，即使在有限的空间里，我们也完全可以培养孩子的独立性、自信心和创造力，引导他们无限地探索与学习。

多子女家庭的蒙氏环境布置

在多子女家庭中，创设一个既满足所有孩子需求，又兼顾他们各自个性和兴趣的环境，无疑是一项巨大的挑战。每个孩子都是独立的个体，他们有自己鲜明的个性和不同的喜好、兴趣。更复杂的是，随着孩子年龄的增长，这些需求还会不断发生变化，这进一步增加了创设合适环境的难度，但这并不意味着我们无法找到有效的方法和途径来满足每个孩子的需要。

○ 多子女家庭布置蒙氏环境需要遵循的原则

● 合理地划分区域

首先，家长可以尽量设立一些共享空间，比如客厅，在这个区域大家可以一起阅读或玩耍，这样可以鼓励孩子们相互交流和合作，而不是各自待在自己的房间里。

设置特定的活动区域

其次，针对每个孩子，家长可以在他的房间或特定区域中设立一个满足其年龄和兴趣需求的个人空间。例如，为热爱绘画的孩子准备一个角落作为绘画区，为喜欢阅读的孩子设立一个安静的阅读角。这样，每个孩子都能拥有一个属于自己的空间，专注于自己喜爱的活动，这也有助于培养他们的独立性和自我管理能力。

再次，家长可以定期与孩子们一起重新评估和调整家居空间。这样做不仅可以确保空间的设置能够适应孩子们不断变化的需求，还能让他们感受到自己对家居空间有一定的参与和决定权，这对培养他们的责任感和自主性是非常有益的。

最后，家长也需要展现出足够的灵活性和创造性，比如将一些家具重新布置，或者使用可移动的隔断来灵活地调整空间，以便更好地适应全家的生活节奏和活动需求。

以我家为例，三个孩子的年龄和兴趣各不相同。大女儿童童，10 岁，已经开始对电子产品和独立学习感兴趣；8 岁的二女儿墨凡热衷于"过家家"；3 岁的儿子乔治，偏向于探索环境和触摸各种物体，因此对运动空间要求很大。面对孩子们多元化的需求，家中的空间布局和环境创设就尤为重要了。

乔治在玩玩具

一方面，我会明确地划分不同的区域来满足每个孩子的需求。例如，我为童童和墨凡准备了各自独立的卧室，并在其中配置了书桌和小书柜，用来放置学习相关的书籍。这样她们便有了一个属于自己的空间可以专注地学习。对于 3 岁的乔治，我为其配置了专门的玩具房作为他的主要活动区。另一方面，在家庭共用区域，比如二楼客厅，我设置了一个全家可以一起读书的阅读区，强调家庭团聚与共享的重要性。晚饭后，全家人会聚在这里一起享受安静且愉快的阅读时光。

我陪乔治在玩具房玩玩具

● **注重安全问题**

　　在多子女的家庭里，尤其有婴儿或幼儿时，我们更需要考虑安全问题。

　　由于小配件极易造成婴幼儿误吸而窒息，因此，成人应将玩具有意识地放置在较高的柜子里，这样既可以让大宝宝在需要时拿取，又确保了小宝宝的安全。

然而，这存在一个潜在的问题：即使是将玩具放在高处，也要防止摇晃柜子，导致玩具从高处掉下而将其砸伤。因此，在选择玩具的存放位置时，需要做双重考虑。太重的玩具应避免置于高处，可以考虑将它们存放在低柜或底层抽屉中，这样既可以减少因玩具掉落而引发的危险，又能让小宝宝在父母的监护下安全地探索。

保证教具柜的安全性

　　教具柜自身的安全性问题也不容忽视。选择稳固的柜子，避免因孩子的撞击或摇晃而倒塌。成人可以为柜子安装防倾倒装置，将其固定在墙壁上，这样即使孩子试图爬上柜子或推拉柜子，它仍能保持稳定。

避免小配件或工具误伤宝宝

对于孩子常用的空间，地面应保持洁净和平整，以免孩子在玩耍时摔倒或受伤。同时，应选择无毒、无味、环保的家具和装饰材料，为孩子营造一个健康和安全的生活环境。

● 设立安静角

当然，在多子女的家庭中，兄弟姐妹间发生冲突是难免的。例如，两个姐姐正在专心地玩玩具，弟弟也想加入其中，或者有意地去添乱，通常我们的应对方法有多种。其中一种是引导大孩子们到一个安静的地方继续她们的游戏，同时让弟弟与成人留在另一个空间。这样的安排既确保了大孩子们的游戏不被打断，也让弟弟在父母的陪伴下有了新的活动。

然而，生活并非总是能按照预设去进行，有时大孩子们并不愿意离开父母。在这种情况下，我会重新选一个游戏或活动让所有孩子都可以参与，度过一段全家人共享的欢乐时光。比如，可以一起画画、做手工、玩积木等。这样既满足了孩子们亲近父母的需求，也让他们学会如何与他人合作和分享。

在温馨共处的时间里，弟弟也会逐渐接受这样的互动模式，愿意在姐姐们的引领下参与活动。

陪伴女儿的时光

当儿子午睡后，我会专门陪伴女儿玩她们喜爱的玩具或进行特别的活动，从而给她们更多的关爱和独特的陪伴。

在这个充满活力和多样性的家庭中，环境的创设绝不仅仅是关于物理空间的分配，更深层次上，家长需要思考如何通过空间和活动的设计，来满足孩子们的情感需求和对个人空间的尊重。

可以创设一个舒适的小角落或搭设一个安静的小帐篷。这些特别的空间虽然简单，却是孩子的小天地，他们在此可以享受宝贵的独处时间，读书、画画或沉浸在自己想象的世界里。

设置一个安静角

安静角不仅可以帮助孩子们了解空间与人的关系，还让他们学会尊重他人，学会调整自我的情绪，从而在集体与独处之间找到自我平衡和舒适的状态。

○ 为什么要设立孩子的安静角？

每个孩子都需要一个属于自己的空间，这个空间可以用于反思、阅读，或安静地享受独处的时光。它帮助孩子学会独立，培养自我意识，调整自我情绪。在多子女的家庭中，孩子们常常会因为争夺父母的关注或玩具而产生冲突，因此拥有一个属于他们的安静角尤为重要，它让孩子在家中有安全感和被尊重的感觉。

● 安静角的设计

位置：选取家中一个相对安静和隐蔽的角落，为孩子提供一个远离喧闹、专注于自我世界的空间。

结构：小帐篷或大纸箱等都是不错的选择。重要的是，让孩子参与到这个空间的装饰和个性化设计中，这样可以增强他们对空间的归属感。

● 功能与工具

为了让这个空间更有利于孩子的情绪调节和自我认知，可以考虑放置一些特别的物品。例如，安静角旁边的小书架上可以摆放与情绪管理相关的绘本，让孩子通过阅读学会认识和表达自己的感受。

● 成人的角色

家长应当鼓励孩子有效地使用这个空间，准备一面镜子，帮助孩子认识自己的情绪，准备一些情绪认知卡、情绪表达卡来帮助其学习并表达情绪，我还准备了一个罐子，当孩子心情不好时，可以朝里面喊"我不开心！"或把心里的想法写在纸条上扔进去。随着情绪的释放，他们的心情也会好起来。这也会为他们进入青春期做准备。从而学会表达情感。重要的是让孩子知道，这个空间是一个安全的地方，他们可以在这里自由地探索和认知自我，不会受到惩罚或批评。

● 多子女家庭中的应用

在多子女混龄的家庭中，安静角可以作为孩子们在争执后调节情绪，或享受独处时光的区域。

帐篷做安静角是很好的选择

为了维护他们独处的权利，家长可以和孩子一起制作示意牌，写上"我想安静一会儿"，或者"请勿打扰"。它既明确地表达了孩子当前的需求，又避免了潜在的家庭冲突。

○ 多子女家庭会出现的问题

● 分享玩具

在大多数多子女家庭中，孩子们因为争抢玩具而产生冲突是一个常见的问题。为了解决这个问题，我们在家里采取了类似于蒙台梭利教室的共享原则。这个原则明确规定：一旦某个孩子先拿到了某个玩具，他就有权利使用，直到他自愿将其放回玩具架上，其他的孩子才可以使用。在此期间，其他孩子不可以打扰正在玩玩具的孩子，或询问"你还要玩多久，可以给我了吗？"这样的问题。

这样的原则赋予每个孩子一个专注于探索和玩耍的机会，尊重他们的选择和使用时间。它允许孩子们在不被打扰的环境中，完全投入他们所选定的活动中，无论他们想使用的时间有多长。

另外，这个原则也帮助了其他没有拿到玩具的孩子们学会等待和保持耐心。在等待的过程中，他们会学习到如何有效地安排自己的时间，如何在等待期间找到其他有趣的活动或玩具，从而充实自己的时间。

当然，也存在一些特殊情况。比如，每个孩子都会有一些特别珍视的玩具，可能是他们收到的生日礼物或特别有意义的物品。对于这些物品，我们在家里设定了一个原则，即如果其他兄弟姐妹想要使用，必须先征得拥有者的同意，未经允许不可触碰他人"包厢"里的物品。

我注意到，如果我们过于强调某个玩具是"姐姐的"或"弟弟的"，孩子们往往会更加激烈地争抢这些玩具，他们的占有欲和竞争心理似乎会被点燃。因此，作为家长，我们需要明智地去引导他们理解和体验分享的价值。我们可以通过故事、游戏或家庭活动等方式，潜移默化地帮助孩子学会分享，同时明白尊重他人的权益和选择是一种美德。

● 共用一个房间

在我们家，虽然两个女儿共用一个房间，看起来似乎有些拥挤，但实际上，这是她们自己的选择。她们在日常生活中有时候亲密无间，有时也会争执不休。由于她们都害怕在夜晚独处，因此，决定暂时同住一间房。

尽管她们住在同一个房间里，我们依然强调个人空间的重要性，并且巧妙地将房间划分成了两部分。

左侧是大女儿的专属区域，布置了大床、衣柜和一个可爱的小梳妆台，营造出一片属于她自己的私人天地。而右侧完全属于二女儿，同样配备了床、衣柜和梳妆台，这样她也有了自己独立而温馨的空间。

为了进一步体现她们的个性和增加房间的趣味性，我们在两张床的中间放置了一盏她们都喜爱的独角兽造型灯。它不仅独特、充满童趣，更象征着姐妹间亲密无间的关系和默契的合作精神。

此外，为了让她们有更多表达自我和发挥创意的空间，允许她们布置各自的墙面，比如贴满自己创作的画作。这样的设计既展示了她们独特的个性，又大大增加了整个房间的趣味性和舒适度。

女儿们小时候的画作

通过这样精心的布置，培养孩子们的独立和自主性，让她们既能享受与亲人紧密相处的温馨和乐趣，又能保留各自的私密空间和个性。更重要的是，通过参与自己房间的设计和布置，她们学会了尊重和理解他人的需求和感受，同时也深刻体验到了合作和分享所带来的喜悦和成就感。

这样的做法不仅巧妙地解决了空间利用的问题，有助于孩子们学会共处、合作与独立。因此，多子女家庭在居住空间布置和管理上可以参考借鉴，营造一个既节省空间又和谐愉悦的家庭生活环境。

● **家里迎来了新的小生命**

如果家里已有一个孩子，又迎来了新生命，你可以在客厅里为婴儿铺一张地垫，他可以随时观察家里发生的事情，也方便你照看孩子。但事先要跟大宝说好：要对小宝宝很温柔。如果大宝的情绪较难控制，你可以坐在大宝和二宝之间，把更多的注意力给大宝，同时兼顾小宝的安全。

小宝吃母乳的时候，可以给大宝安排一套桌椅，为他准备一些水果或零食，一定不要因为照顾小宝而忽视了大宝的需求。甚至可以让小宝自己躺在地垫上玩，成人多陪大宝玩或讲故事。讲故事其实是个不错的活动，你跟大宝坐在一起讲，小宝也可以听到你讲的故事内容，并且时刻看到你们。

在创设孩子的生活和学习环境时，家具的选择同样起着至关重要的作用。不同年龄和身高的孩子对家具的需求是不同的，因此作为家长，我们需要精心挑选，确保每一个孩子都能在家中找到适合自己的桌子和椅子。

对于较小的孩子，选择高度适中、便于他们自由活动的小桌子和小椅子不仅方便孩子独立完成绘画、阅读、用餐等活动，也有助于培养他们自主和独立的习惯。

对于进入学龄阶段的孩子，稳固且舒适的书桌和椅子会成为他们专注学习必不可少的工具。在选购时，我们需要考虑桌椅的高度是否可以调节，以便随着孩子的成长进行相应的调整，确保他们在学习时能保持舒适和正确的坐姿。

为女儿选择合适的桌椅

○ 双胞胎家庭布置蒙氏环境需要遵循的原则

双胞胎家庭，生活显然会格外繁忙。想象一下，两个同龄的孩子需要同时穿衣、吃饭，他们可能会同时哭泣、同时笑，甚至有时都想玩同样的玩具。这不仅加大了父母的育儿压力，同时也需要父母具备协调孩子们关系的能力。

在这样的情况下，蒙台梭利的教育理念或许能为你提供一些启示。

每个孩子都是一个独立的个体，尽管他们是双胞胎，但他们的成功、挫折和感受依然是独一无二的。这意味着父母在育儿过程中，应该分别理解和关注每一个孩子的需求和发展，而不是简单地将他们视为一个整体。

我们要知道，分享和等待是两个重要的教育环节。对于双胞胎来说，不是所有的东西都需要各自拥有一份，比如玩具。除了床、衣服和椅子等基本生活用品，很多物品尤其是玩具，孩子们完全可以轮流使用。这样的教育从小就要实施，这不仅可以减少孩子之间因为争夺玩具而引发的冲突，更是培养他们学会合作和分享的重要途径。

进一步说，为了家庭和谐，明确家规非常有必要。良好、明确的家规可以减少很多不必要的纠纷。例如，明确公共区域的玩具属于大家，孩子需要学会等待，等别人用完教具并放回教具柜，自己再去使用。当孩子之间发生矛盾时，家长可以依照家规公正地进行调解，一般来讲 3 岁以后的孩子们都能够理解规则。即便是 3 岁之前的孩子，也会因为耳濡目染这个规则的运行机制而更容易接受它。

家规并不是一成不变的，它可以根据家庭成员的需求和家庭状况的变化进行适当的调整和修改，但这一过程必须明确并通知到每一位家庭成员。

在物理环境方面，一位双胞胎妈妈告诉我，她的孩子大麦和小麦大多数时候更愿意一起玩，所以她也没有刻意为两个孩子准备独立的空间。相反地，她专注于创造一个共享、友善且充满爱的环境，让两个孩子在一起愉快地成长。但同时，她非常明确地设定了一些家庭规则，以确保两个孩子可以和谐、健康地共享空间：

● **共享空间的设计**

　　这个妈妈尽量选择宽敞明亮的房间作为孩子们的活动和玩耍空间。这个空间里，家具布局要设计得既安全又方便孩子们自由活动。玩具和书籍也是可以共享的，放在容易够到的地方，让孩子们自由选择和使用。

● **设定明确的规则**

　　这个妈妈很早就与孩子们一起确定了规则，比如，玩完游戏后要整理好玩具，公共空间要保持整洁，大家要尊重彼此的作品和物品等。这些规则不仅帮助孩子们养成良好的生活习惯，还教会他们如何与人共处和解决冲突。

● **鼓励独立与合作共存**

　　虽然孩子们喜欢一起玩，但这个妈妈依然注重培养他们的独立性。例如，她会鼓励他们选择和开展各自喜欢的活动，告诉他们每个人都有自己的兴趣和空间是正常的。同时，她也会引导他们学会合作，比如一起拼图或者一起画画。

● **灵活的私人空间**

　　虽然孩子们大部分时间都在一起，但这个妈妈依然保留了一个可以随时变为私人空间的角落。当一个孩子想独处时，这个空间就变成他的小天地，可以读书、画画或者安静地思考。

● **公正的亲子关系**

　　这个妈妈始终公正地对待大麦和小麦，避免因偏爱造成孩子们之间的嫉妒和冲突。她总是平等、公正地倾听他们的想法和感受，确保每个孩子都感受到自己是被爱和被尊重的。

　　通过这样精心设计的物理环境和制定的明确的规则，这个妈妈成功地为双胞胎孩子创造了一个既可以培养他们的独立性，又能鼓励他们合作和分享的温馨家园。这个环境不仅让孩子们感到安全和被爱，还有效地指导他们如何关爱和尊重他人。

○ 为孩子创设一个有秩序感的环境

　　环境创设好后如何避免被孩子瞬间破坏？用友好的方式轻松教会孩子收纳物品和维持环境。儿童拥有对秩序的感受力，这种感受不仅能让他们认出物体本身，更能让他们分辨出不同物体之间的关系，也因此能够辨认出环境中各部分之间存在的关系，因而认识整个环境。

　　当孩子逐渐适应了这样的环境，他便能够根据自己的想法自主活动。这个环境将成为孩子成长和发展的基础。

　　良好的成长环境对于孩子的成长和发展十分重要。很多人可能会将其理解为优质的教育资源和丰富的物质生活条件等。然而，这样的理解往往忽视了一个非常重要的方面，那就是家庭环境中的秩序感。实际上，这种秩序感可能会对孩子的发展产生深远的影响。

　　蒙台梭利教育理论提到了孩子成长过程中的敏感期。蒙台梭利博士指出，每个孩子在成长过程中都会经历一段关键的时期，即敏感期（通常在 1～4 岁），在这段时间里，他们对环境中的秩序特别敏感。这段时期对于孩子理解世界、养成习惯和形成价值观具有十分重要的作用。

有人可能会产生疑问，孩子尚小，他们怎么会理解什么是秩序呢？其实即使是1～2岁的孩子，也对秩序有着深刻的感知。例如，他们能意识到家中物品的布置原则、日常活动的开展顺序，以及家庭生活中的各种规律。他们期待的是一种稳定和连贯的生活，这是他们解释世界、掌握世界的方式。

有秩序地摆放玩具

但在现实生活中，由于种种原因，这些布局和顺序可能会发生变化。比如，家具位置调整，或者日常活动顺序被打乱。这种变化对于我们成人来说，可能只是生活中的一种调整，但对于正在经历秩序敏感期的孩子来说，可能会引起他们思想上无法理解和适应的混乱。

在孩子的世界里，他们逐步理解并适应周围的环境，构建对世界的认知。任何让他们无法理解的混乱都可能对其认知构建过程造成困扰，甚至可能阻碍其成长和发展。因此，维护稳定和有序的生活环境，实则是父母为孩子奠定了一块有助于其身心发展的基石。

为了孩子的健康成长，我们需要重视并维护家庭环境中的秩序感。这并不意味着生活需要刻板到每一件事都有固定的规则，而是说家庭生活需要有大致稳定和可预见的框架。这样的环境可以让孩子感到安全和被爱，因为他们知道什么时候该做什么事情，知道自己可以信赖什么。这对他们形成健康的观念、养成良好的习惯和培养未来适应社会的能力，都具有深远而持久的影响。

因此，一个优质的成长环境不仅仅是指物质条件的丰富和优越，更为关键的是家庭提供给孩子的稳定与温暖，以及秩序感的维护和传递，这样的环境将更有助于孩子健康、全面和有尊严地成长。

在孩子的成长过程中，我们常常发现他们会莫名其妙地哭闹，或者难以控制地发脾气。这些行为可能会让我们感到困扰，甚至感到无助。然而，很多时候，这种看似难以理解的行为，其实是由于他们对秩序的敏感性所导致的。

以乔治为例，一个生活中的变化——外婆回国，致使餐桌上的座位发生了变化，这引发了他明显的不安和情绪波动。从乔治出生以来，外婆一直是他生活的陪伴者，平时吃饭时家庭成员的固定位置也成了他生活中稳定、可预见的一部分。对于 2 岁9 个月的乔治来说，这不仅是一个座位的变化，更像是他熟悉和依赖的生活秩序被打破了。

儿童对于秩序的需求，与成人有着根本的不同。成人可能更看重秩序给心理带来的愉悦感，但对于儿童来说，秩序如同鱼儿离不开水一样的重要。它代表了他们生活的稳定性，这是他们对世界的理解和认知的基础。

在创造家庭环境的过程中，一个稳定和有序的生活环境是孩子情绪稳定和健康发展的重要保障。孩子饿了知道在哪里能找到吃的，渴了知道在哪里能找到水，他喜欢的玩具在固定的地方也可以找到，这些都是秩序的体现。这种外在的秩序，可以让孩子有目的地进行活动，让他们知道在那个地方应该做什么，从而建立对世界的信赖和安全感。

这种外在的结构和秩序被孩子接纳和习惯后就会内化成一种秩序感，让他们对自己的行为和所处的环境有了更好的掌控。但是，很多家长可能没有意识到，生活在一个无序、混乱的环境中，会对人的情绪产生重大的影响，尤其是对于处在秩序敏感期的孩子。凌乱会让他们感到失控，会消耗他们的精力，甚至可能会破坏他们内心的安全感。

因此，作为家长，我们要意识到秩序的重要性，并尽力维持家庭环境中的秩序。

培养孩子的秩序感

当孩子建立起一致的内外秩序时，他们会自主地去维护环境中的秩序，形成良好的自我管理能力。

作为三个孩子的妈妈，我深知家务整理的重要性和困难度。试想一下，如果家庭中的所有成员都能养成使用物品后归还原位的习惯，那么整理工作会变得轻松许多。特别是在孩子小的时候就让他们养成良好的习惯，这将使家务变得不再繁重。

我明白有的家长可能会遇到家中的某些成员不太配合的情况。我的方法是让孩子成为小助手。如果孩子看到物品未归位，他们可以温馨地提醒其他家庭成员，并向他们展示正确的做法。有了孩子的示范，其他家庭成员可能更愿意配合。

○ 将秩序感的培养纳入日常生活之中

我们可以从孩子的玩具开始收纳。为玩具设置固定的存放位置，可以是一个专门的玩具柜（最好有门，且在上面贴标签）。不常玩的玩具可以储存起来并定期更换。这样孩子便会知道玩具的"家"在哪里，这也是帮助他们培养秩序感的重要步骤之一。

对于年龄稍大的孩子，他们参与的活动更多、更复杂，我们可以教他们如何整

给物品做好整理

理相关的文具和物品。孩子们也会慢慢习惯于在活动结束后，将物品放回其原始位置，下次需要时才能找到。

当然，不同年龄段的孩子有着不同的能力和需求。例如，3岁以下的孩子可能需要大人示范如何整理；3岁以上的孩子则可能已经开始尝试自己收拾。总体来说，3岁以前成人的角色更多的是正确示范和温柔的邀请和提醒。这样在孩子3岁以后就大概率形成了良好的习惯。

但最重要的是，作为家长，我们不要因为孩子偶尔的疏忽而过于焦虑或发怒。我们要树立好的典范，让孩子从中学习。这样我们不仅可以帮助他们培养秩序感，还能让整个家庭的生活变得更加和谐有序。

随着孩子年龄的逐渐增长，他们的活动自然会变得更加复杂。他们开始将不同种类的玩具结合在一起，发挥其丰富的想象力。例如，他们可能会将农场动物和积木融合，创造一个独特的场景。作为父母，我们的目的并不是要限制这样的创造力，相反地，我们应当鼓励他们进行更多的探索和尝试。活动结束后提醒或引导他们将玩具分类收纳即可。

可以在家庭当中制定一些规则，稍大的孩子也可以参与进来。例如在晚餐之前，他们需要将玩过的所有玩具整理好。这样既给予了孩子们自由发挥创造力的空间，同时也在潜移默化地培养他们的责任感和秩序感。比如，平时我会要求他们保持活动区域整洁，但是当他们想要搭建大型磁力片"城市"，并具有了一定的规模，或者给玩具小人搭建房间并做了装饰，看得出他们花了很多心思。我会允许他们将作品保留一定的时间，并约定时间来整理这个区域。

值得注意的是，孩子在6～7岁的阶段，会进入一个被称作"混乱期"的发展阶段。在这个时期，孩子的大脑迅速发展，他们开始积极地探索和理解这个复杂的世界。他们新学到的读写等技能也需要大量的练习和强化。这个阶段孩子的社交活动也逐渐增多，他们可能会邀请朋友来家里玩，或者参加各种社交活动，这自然会给家中的秩序带来一些挑战。

虽然这个阶段可能会让许多家长感到手足无措，但我们应该理解，这种"混乱"其实是孩子健康和正常发展的一部分。他们正在学习独立、掌握新技能，并尝试与广泛的社会环境互动。

因此，对于父母来说，在这一时期可以设定一些基本而明确的规则，并定期与孩子一起整理和清洁居住空间。我们可以悉心指导他们如何在玩耍后整理玩具、如何妥善放置学习材料，以及如何与他人和谐地共享空间。

这个过程确实需要家长投入耐心和时间，但将极大地助力孩子们建立良好的秩序感和责任感。它不仅教会他们如何整理自己的空间，更重要的是，它教会孩子们如何尊重他人的空间和需求，这是一种更深层次的社会化教育。

最终，这一阶段虽然充满了挑战，但也充满了机遇，是我们与孩子一起成长、一起学习的宝贵时光。

乔治在搭建

常见问题
与解答

○ 家中打造蒙氏环境需要有大房子，并需要花很多钱吗？

打造蒙氏环境并不一定需要拥有大房子，也不一定需要花很多钱。蒙台梭利教育法强调的是创造一个适合儿童自主学习和探索的环境，而不是依赖于昂贵的教具和装饰。关键是要营造一个简洁、整洁、有序的环境，注重儿童的安全感和舒适感。以下是一些建议，帮助你在有限的空间和预算内打造蒙氏环境：

无论房子大还是小，都可以利用家中的一角或一个房间来打造蒙氏学习区。这个区域最好有充足的自然光且相对安静，在这里设置孩子的教具柜、书架和学习区。创设蒙台梭利环境注重简约和有序，避免过多的装饰和玩具。可选择一些高质量、具有教育意义的玩具和学习材料，而不是选择大量的廉价玩具。可以尝试手工制作一些学习材料，比如色卡、拼图、穿线工作等；开放性益智玩具；还可以从大自然中取材，比如春花、秋叶，河边的石头、海边的贝壳等。

蒙台梭利教育法强调孩子与自然接触，可以在学习区域增加一些植物或其他的自然元素，让孩子感受大自然的美妙。保持学习环境的整洁有序，让孩子在干净、整齐的环境中学习，这有助于让孩子集中注意力和自主学习。另外，蒙台梭利教育法注重家庭的互动和陪伴，家长的陪伴和鼓励比任何昂贵的设施都要重要。

○ 与老人同住，能否创设蒙氏环境？

与老人同住并不意味着不能创设蒙氏环境，但需要做一些调整和妥协。蒙台梭利环境强调的是为孩子创造一个有序、安全、富有学习机会的环境，无论是与老人同住还是独立居住，这些原则都是适用的。要与老人进行沟通，解释蒙台梭利教育法的理念。蒙台梭利教育法注重孩子的自主学习和探索，也强调家庭互动和陪伴的重要性。

尽量在家中为孩子划分出一个特定的学习区域，可以是一个小角落或者一个房间，让孩子可以在这个区域自由地学习和玩耍。家长可以给孩子安排一些特定的学习时间，让孩子在这段时间内有更多的自主学习和探索的机会。这对于白天要上班的家长同样适用，当孩子熟睡后整理其活动区，并按照主题或者自己意愿准备玩具、教具。当孩子第二天起床后就会兴奋地跑到活动区探索。在白天，老人只需要在孩子身边耐心观察，确保其安全的情况下不轻易打扰，既能节省老人的体力又能达到教育的目的，这比让孩子看手机和电视要好很多。无论是与老人同住还是独立居住，保持家庭和谐是首要原则。家长要与老人相互理解、相互尊重和相互支持，共同为孩子的成长创造温馨和谐的家庭环境。

○ 如果孩子不上蒙氏学校，还需要为他创设一个蒙氏环境吗？

即使孩子不上蒙台梭利学校，你仍然可以为他创设一个蒙氏环境，这有助于孩子自主地学习和发展。蒙台梭利环境不仅仅适用于学校，也可以在家中得到延伸，为孩子创造出一个富有学习机会的家庭环境。

在家中布设一个特定的学习区域，让孩子专注地学习和探索。确保学习空间整洁有序，有足够的空间让孩子自由活动。选择一些具有教育意义的学习材料，例如拼图、积木、益智玩具、涂鸦板等，这些可以激发孩子的学习兴趣和创造力。让孩子自由选择学习材料，鼓励他们自主探索和学习。家长避免给予过多指导和干预，让孩子根据自己的兴趣和需求进行学习。在家中给孩子提供一些适合他们年龄的日常活动，例如自己穿脱衣服、整理玩具等，培养他们的独立性和自主性。

鼓励孩子自主思考和解决问题，不要急于给出答案，而是引导他们思考和探索解决方案。在孩子的学习过程中，与他们保持密切的互动。了解他们的兴趣和需求，支持他们的学习和成长。但是，这并不意味着要把蒙氏教具买回家，更多的材料可以来源于生活，如果实在不知道给孩子准备什么活动，那就带着孩子一起做家务吧！

○ 外出旅游时，还需要让孩子坚持日常习惯吗？

外出旅游时，可以适度调整孩子的日常习惯，但仍需坚持核心的理念和原则。这样有助于孩子在旅途中保持稳定的情绪和安全感。尽量在旅游中保持孩子的日常生活节奏，例如固定的饮食时间、睡眠时间和活动时间。这会让孩子在不熟悉的环境中感到安心。带上孩子熟悉的玩具，让孩子在旅途中继续学习和探索。在旅行中，尽量给予孩子自主选择的权利，例如选择食物、活动或玩具等，这有助于培养他们的独立性。此时依然要把孩子的物品摆在其拿得到的位置，保持其独立性。

无论在酒店还是亲戚家，都要为孩子打造一个安全、舒适的睡眠环境。可以带上孩子喜欢的床上用品和安抚玩具。在旅游中，鼓励孩子参与户外活动，这有助于他们全面地发展和学习。无论在家中还是旅行中，保持积极的家庭互动和交流也很重要，这有助于孩子感受到家人的爱和支持。

○ 如果亲友送了一些非蒙氏的家具和玩具，我应该怎么处理？

亲戚朋友送的家具和玩具可能会不符合蒙氏理念。我们首先要感谢亲友的礼物和关心。如果有些玩具不安全，可以暂时搁置或避免使用。如果你觉得这些物品不适合自己的家庭，但又担心浪费，可以考虑转赠给其他需要的家庭。

如果有需要，你可以温和地向亲友解释你主张采用蒙台梭利理念，希望为孩子提供一个符合其发展需要的环境。尽量理解他们的立场，而不是批评或拒绝。最重要的是，蒙台梭利理念强调尊重孩子的独立性和自主性，家具和玩具只是环境的一部分。无论你是否拥有完全符合蒙台梭利理念的家具和玩具，最重要的都是给予孩子爱和关注，创造一个温馨、安全和有爱的家庭环境，让孩子自由成长和发展。